经典地理空间数据处理案例

——Python与开源GIS

珠江水利委员会珠江水利科学研究院
珠江水利委员会珠江流域水土保持监测中心站
水利部珠江河口海岸工程技术研究中心

黄俊 著

中国水利水电出版社
www.waterpub.com.cn
·北京·

内 容 提 要

本书从开发应用需求出发，基于 36 个经典案例，详细介绍了 Python 与开源 GIS 在地理空间数据处理中的应用。本书主要内容包括：地理空间数据处理基础知识，如地理空间数据概念及其处理、Python 与开源 GIS 等；17 个矢量数据处理案例及完整代码，如字段操作、坐标系变换、几何图形导出、几何图形空间位置判断、几何图形的缓冲合并与融合等；15 个栅格数据处理案例及完整代码，如栅格数据打开读取与创建、栅格数据坐标系变换、栅格数据行列号与坐标值转换、高阶的栅格数据条件运算与水文分析等；4 个栅格数据与矢量数据交互处理案例及完整代码，如栅格数据裁剪与导出、栅格数据区域统计与面积制表等。

书中各案例均提供了完整的 Python 代码，以便本领域初学者高效学习和快速上手。本书适合地理信息、水土保持等相关专业的学生、研究人员与开发人员阅读与参考。

图书在版编目（CIP）数据

经典地理空间数据处理案例：Python与开源GIS / 黄俊著. -- 北京：中国水利水电出版社，2023.9
ISBN 978-7-5226-1808-1

Ⅰ．①经… Ⅱ．①黄… Ⅲ．①地理信息系统－数据处理 Ⅳ．①P208

中国国家版本馆CIP数据核字(2023)第182908号

书　　名	经典地理空间数据处理案例——Python 与开源 GIS JINGDIAN DILI KONGJIAN SHUJU CHULI ANLI ——Python YU KAIYUAN GIS
作　　者	黄 俊 著
出版发行	中国水利水电出版社 （北京市海淀区玉渊潭南路 1 号 D 座　100038） 网址：www.waterpub.com.cn E - mail：sales@mwr.gov.cn 电话：(010) 68545888（营销中心）
经　　售	北京科水图书销售有限公司 电话：(010) 68545874、63202643 全国各地新华书店和相关出版物销售网点
排　　版	中国水利水电出版社微机排版中心
印　　刷	天津嘉恒印务有限公司
规　　格	170mm×240mm　16 开本　8 印张　119 千字
版　　次	2023 年 9 月第 1 版　2023 年 9 月第 1 次印刷
印　　数	0001—1000 册
定　　价	**58.00 元**

前　言

　　地理空间数据是社会经济发展的战略性资源信息，具有十分广泛的应用价值，在诸如城市建设规划、生态环境保护、自然灾害防治、气候变化研究等领域发挥着越来越重要的作用。地理空间数据处理是地理空间数据分析、应用的前提，只有快速处理、充分挖掘地理空间数据才能更好地为社会经济发展提供服务、才能高效推动地理空间信息产业的快速发展。

　　Python 作为一种高效、易学、开源的编程语言，近年来日益受到研究人员和编程工作者的青睐。开源、可移植性、高扩展性、类库丰富等是 Python 的突出优点，在科学计算、机器学习、自然语言处理、自动化运维等领域得到广泛应用。近年来，开源 GIS 的快速发展使得用于地理空间数据处理的类库越来越丰富，众多类库均提供了 Python 接口。因此，Python 与开源 GIS 的高效结合，为地理空间数据的处理、分析与挖掘提供了强大的平台与工具。

　　笔者非计算机、遥感相关专业，但在生产工作中不止一次地碰到有关地理空间数据处理的专业性问题，且诸多工作属于大量重复性工作，诸如矢量数据的字段操作、几何图形的裁剪与导出、坐标系变换、栅格数据的波段运算，以及栅格数据与矢量数据的交互操作等。如何使用编程的方式快速简便地处理这一类问题，笔者花费了大量的时间和精力，也参考了诸多现有研究成果，如开源 GIS 类库、OSGeo 中国中心等。为了避免使用地理空间数据处理的初学者再一次耗费大量时间解决类似问题，本书以地理空间数据处理工作中常用到的 30 余个案例为代表，基于 Python 和开源 GIS 类库，提供了各案例问题的代码解决方案，为其他尝试地理空间数据自动化处理的初学者提供参考。以案例的形式展示完整代码是本书的最大特色，且相同的问题采用多种不同方法解决以提供更多解决问题的思路，可为本领域初学者提供更为丰富高效的学习素材。需要注意的是，书中代码尽管全部经过笔者测试运行，但因操作系统、Python及开源GIS类库版本等差异，仍可能存在Bug，如果遇到问题可及时通过邮箱联系笔者以确保迅速解决，笔者邮箱是 hjnwsuaf@qq.com。

本书的编撰与出版受水利部科技推广项目"生产建设项目水土保持多源信息一体化监管技术（SF－202207）"、国家重点研发计划"西南高山峡谷区水土流失综合防治技术与示范（2022YFF1302902）"、广东省水利厅水利科技创新项目"CSLE方程B因子多时空尺度研究及其在广东省水土流失动态监测中的应用（2020－25）"、珠江水利科学研究院自立项目"人为水土流失风险预警模型研发与技术应用（2022YF021）"等科研项目资助，同时参考了诸多学者有关开源GIS研究成果，在此一并表示衷心感谢。

作者

2023 年 6 月

目 录

第1章 基 础 知 识

1.1 地 理 空 间 数 据

地理空间数据（Geospatial data）不同于空间数据（Spatial data）。空间数据是数据的一种特殊类型，这一类型数据带有相对或绝对的空间坐标信息，如地图、建筑设计图、机械设计图等。而地理空间数据是空间数据的一种特殊类型，是用来描述地球表面或近地表的物体、事件或其他特征规律的信息。具有明确的地理坐标信息是地理空间数据的显著特征。地理空间数据通常包括物体事件的位置信息（地理空间坐标）、属性信息（物体事件等对象的特征）和时间信息（位置和属性的变化）等。因此，地理空间数据是地理实体的空间特征、属性特征和时间特征的数字描述。地理空间数据总体包括两大类：空间对象数据和场对象数据。空间对象数据是指具有几何特征和离散特点的地理要素，如点对象、线对象、面对象、体对象等。场对象数据是指在一定空间范围内连续变化的地理对象，如某区域数字高程模型、不规则三角网、植被覆盖度栅格数据、卫星遥感影像数据等。

地理空间数据远比一般信息处理中的统计数据更为复杂。一是其数据类型繁多，包括几何数据，以及描述地理要素间相互联系的关系数据和协助图形化处理的辅助数据，且由于其"时间特征"，其对象数据还随着时间变化而发生改变；二是数据操作复杂，除一般数据的检索、增删和修改功能外，更多地需要拓扑分析、空间检索等特殊操作。此外，地理空间数据量巨大，且数据格式类型多样，如矢量数据、栅格数据等，而矢量数据和栅格数据又包含多种类型的数据格式（Shapefile、KML、GeoJSON、GeoTIFF、ENVI、ERDAS IMAGINE、IDRISI 等）。地理空间数据来源广泛，如卫星遥感图像、气象数据、人口普查数据、社交媒体数据、用于特定目的的绘制图像等。

地理空间数据处理是对地理空间数据进行的一系列操作，如坐标系变换处理、地理空间参考化处理、数据格式转换、数据编辑与修正、拓扑关系建立等。ArcGIS、QGIS、GRASS GIS、SAGS GIS 是地理空间数据处理的常用软件，其中 ArcGIS 是由 Esri 公司开发的商业 GIS 软件，可提供丰富的地理空间数据处理、分析和可视化功能，以及对数据管理和共享支持；QGIS、GRASS GIS 和 SAGS GIS 是免费、开源、跨平台的 GIS 软件，同样提供广泛的地理空间数据读写、处理、分析和可视化功能，能够支持多种数据格式。地理空间数据处理能够发现隐含的空间关系和趋势，广泛应用于城市规划、灾害响应、环境监测、农业管理等领域。

1.2　Python 与开源 GIS

Python 是一种简单、易读的高级编程语言，最初由 Guido van Rossum 在 20 世纪 80 年代末和 90 年代初开发的。Python 的设计理念是强调代码的可读性和简洁性，同时注重代码可维护性和重用性。Python1.0 版本于 1994 年发布，Python 2.0 版本于 2000 年发布，Python 3.0 版本于 2008 年发布。Python 2.0 和 Python 3.0 在语法方面有所不同，但 Python 3.0 对于一些常见的编码问题提供了更好的解决方案。

Python 作为一种通用编程语言，广泛应用于科学研究、工业生产等领域，特别是在机器学习、数据挖掘、自然语言处理、科学计算、软件测试与自动化运维等方面得到大量应用。Python 拥有许多十分优秀的第三方包（库），如 NumPy、Pandas、SciPy、Matplotlib、Scikit-learn、TensorFlow、Django、Flask、Pygame、OpenCV 等。此外，Python 接口丰富，提供了标准库接口（与操作系统、其他程序进行交互）、数据库接口（与多种关系型数据库进行连接）、网络接口（处理网络连接，如 socket 模块提供了底层的套接字 API，用于进行网络通信）、GUI 接口（可以用于创建 GUI 桌面应用程序和复杂功能的用户界面等）、Web 接口（与 Web 系统进行交互，如轻量级 Web

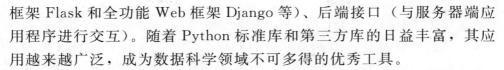

框架 Flask 和全功能 Web 框架 Django 等）、后端接口（与服务器端应用程序进行交互）。随着 Python 标准库和第三方库的日益丰富，其应用越来越广泛，成为数据科学领域不可多得的优秀工具。

开源 GIS 的发展与 Web 2.0、自由软件运动（Free Software Movement）的盛行以及政府、学术界和社会的开放数据运动等因素密切相关。早期专业的地理空间数据处理商业化软件价格昂贵，使得个人、中小企业、政府机构和学术界难以负担。而开源 GIS 的出现有效解决了这一问题，使得更多的学者可以运用 GIS 技术，以实现地理空间数据更好的可视化、深度分析和高效应用。开源 GIS 最初由 GRASS GIS 等一些前沿软件开发者和使用者开发并传播。它们为社区和研究机构提供了初步的 GIS 功能，同时吸引了越来越多的用户和开发者。在此基础上，出现了一系列高质量的开源 GIS 软件，例如 QGIS（一个跨平台、用户友好、免费的桌面 GIS 工具）、MapServer（一个用于构建地图服务的开源平台）等。此外，开发者还不断地推出 GIS 库和应用程序 API、开放并广泛使用的空间数据集和基础地理信息，其中不乏许多优秀的开源项目和组织，如国际开源地理空间基金会（Open Source Geospatial Foundation，OSGeo）、开放空间信息系统（OpenSpatial Information System，OpenSpatial）、地理数据服务器（GeoServer Map Server，GeoServer）。

本书中用到的开源 GIS 类库

GDAL（Geospatial Data Abstraction Library）是一个开源的地理空间数据处理库，提供了对各种栅格和矢量空间数据格式的读取、写入、转换等功能，支持主流的 GIS 数据格式，如 Geo-TIFF、ESRI Shapefile、NetCDF、GML 等。除了基本的数据读写功能外，GDAL 还提供了丰富的空间数据处理函数，如重投影、裁剪、融合、镶嵌等，使其成为一款非常强大的地理空间数据处理工具。GDAL 是一个跨平台的工具，支持 Windows、Linux、Mac OS 等操作系统，并提供了丰富的 API 和 Python 绑定，方便使用者进行二次开发和集成。

rasterio 是一个基于 GDAL 的 Python 库，用于读写处理栅格数据，支持对栅格数据的底层访问和处理，支持通过内存映射方式访问数据而节省内存并提高效率，允许获取和设置栅格数据集的元数据信息。rasterio 适用于 GIS 数据处理、空间模型分析等场景。

pyproj 是一个提供 Python 接口的地图投影库，基于 PROJ (Catographic Projections Library) 实现其功能，支持对投影和坐标系进行转换、计算和管理。pyproj 能够帮助用户进行坐标转换、通用地图投影、缩放等操作。

shapely 是一个基于 GEOS (Geometry Engine-Open Source) 的 Python 库，用于处理二维欧几里得几何图形，提供了多种几何操作和分析方法，如缓冲区分析、空间测量、几何计算等。适用于 GIS、城市规划、地理数据可视化等领域。

geopandas 是一个结合了 pandas 和 shapely 的 Python 库，用于处理地理空间数据，提供了从数据读取和转换到分析和制图的全流程解决方案。geopandas 能够将矢量数据与表格数据结合，支持地图投影和坐标系转换、几何操作和数据可视化等功能。

Fiona 是一个基于 GDAL 和 OGR 的 Python 库，提供了方便的数据访问方法并支持多种矢量数据格式，如 ESRI Shapefile、GeoJSON、GML 等。Fiona 能够实现矢量数据的读写、转换、剪裁、融合等操作。

pyshp 是一个纯 Python 实现的 shapefile 文件读写库，能够读取和写入 ESRI Shapefile 格式的矢量数据，支持多种几何对象类型和属性数据。pyshp 功能简捷、易用，并且不依赖其他外部库。

richdem 是一个用于数字地形分析的 Python 库，可高效快速处理数值高程模型 (Digital Elevation Model，DEM)，提供了多种地形分析方法和工具，适用于地质研究、水文分析等领域。

NumPy 是 Python 的一个扩展库，支持大规模多维数组操作和数学运算，在科学计算和数据分析领域广泛应用。该库提供了高效的数组操作和数学计算函数，支持向量化运算、广播等高级

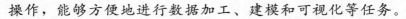

操作，能够方便地进行数据加工、建模和可视化等任务。

pandas 是一个基于 NumPy 的 Python 库，用于数据分析和数据操作，适用于数据清洗、分析、处理及建模等多个领域。pandas 提供了 Series 和 DataFrame 两个主要数据结构，支持多种数据格式的读写、数据筛选、聚合等高级操作。

本书中代码运行环境为 Windows 10，Python 版本号为 3.8.12，Python 解释器的编译版本为 MSC v.1916，大部分代码在 Python 3.0 下均可以正常运行。书中所使用到的开源 GIS 第三方库的版本号分别如下：Fiona（1.8.22）、GDAL（3.4.3）、geopandas（0.12.2）、numpy（1.22.1）、pandas（1.5.3）、pygeos（0.14）、pyproj（3.4.1）、pyshp（2.3.1）、rasterio（1.3.6）、richdem（0.3.4）、shapely（2.0.1）。

第2章 矢量数据处理

矢量数据是地理空间操作中最常用的数据类型，用以描述地理空间对象，一般由一组或多组坐标点组成，并按照一定的组织方式而形成特定地理要素，如点、线、面等。与其他数据类型相比，矢量数据具有结构更严谨、精度更高、表现力更好、数据量更小等诸多优点，在地理空间领域应用十分广泛，例如地物识别、道路网络、地图绘制、影像解译、地理空间分析等。矢量数据类型丰富，下面就主要的矢量数据类型进行简要介绍：

Shapefile 是 ESRI 专门为 ArcGIS 开发的一种非常常用的地图格式。它可以包含点、线、面等几何要素，每一个要素通常都有一些属性数据。Shapefile 由至少三个文件组成，这三个文件分别是 .shp、.shx 和 .dbf，其中 .shp 和 .shx 文件存储几何数据，.dbf 文件存储属性数据。

KML（Keyhole Markup Language）是谷歌定义的一种基于 XML（Extensible Markup Language）的矢量数据文件格式，其主要用于表示地球上的地理空间数据，如点、线、面等。KML 可以用于描述标记和注释，如图像、链接、音频文件或其他额外的数据。

JSON（JavaScriptObject Notation）是一种便于阅读和编写的轻量级数据交换格式。在 GIS 中，JSON 最常用于描述对象数据，如点、线、面等几何图形和属性信息。JSON 格式具有易读性、可读性和易于程序处理等优点，因此在 Web GIS 和其他网络应用中广泛使用。

GeoJSON 是一种基于 JSON 格式的地理空间数据交换格式，它支持几何要素、属性数据和坐标参考系统等元数据。GeoJSON 文件通常包含点、线、面和多面体等要素对象。

GML（Geography Markup Language）是一种基于 XML 格式的数据交换格式，用于表示和传输地理空间数据。GML 提供了一种通用的语言，可以描述地理要素之间的关系，包括空间和拓扑关系等。

案例1 矢量数据打开与读取

矢量数据的打开与读取是地理空间数据处理中的最基本操作，可以使用 OGR、Fiona、geopandas 和 pyshp 等开源 GIS 类库实现这一目标。其中 OGR 模块是矢量数据操作中最常用最重要的类库之一，其全称为 OpenGIS Simple Features Reference Implementation，是 GDAL 的一个模块，它提供了许多用于读写矢量数据格式的函数和工具，支持多种矢量数据格式，包括 ESRI Shapefile、MapInfo、GeoJSON、KML 等。现有某矢量数据 vector.shp，分别使用上述 4 个类库打开读取该矢量数据，代码如下。需要注意的是矢量数据 vector.shp 位于当前路径，也就是与 Python 代码位于同一目录，本书中其他案例均与此相同。

（1）使用 OGR 模块

```
from osgeo import ogr

# 打开 shp 文件
shp_file = ogr.Open('vector.shp')
# 获取第一个图层
layer = shp_file.GetLayer(0)
# 获取几何图形个数
geom_count = layer.GetFeatureCount()
# 获取字段列表
layer_def = layer.GetLayerDefn()
field_count = layer_def.GetFieldCount()
fields = [layer_def.GetFieldDefn(i).GetName() for i in range(field_count)]
```

（2）使用 Fiona 模块

```
import fiona

# 打开 shp 文件,参数 r 表示只读(read-only),如果需要读写则使用参数 w
with fiona.open('vector.shp', 'r') as shp_file:
```

```
# 获取几何图形个数
geom_count = len(shp_file)
# 获取字段列表
fields = list(shp_file. schema[' properties ']. keys())
```

Tips：使用 with 上下文管理语句打开文件的好处

- 文件资源自动管理。with 语句可以确保打开的文件在代码块结束后自动关闭，不需要手动调用 close、Destroy、None 等方法关闭文件，可避免因忘记关闭文件而导致资源浪费或文件损坏等问题。
- 异常处理。with 语句可在代码块发生异常时自动关闭文件句柄，避免文件被打开后出现异常而导致文件未关闭的问题。
- 简洁易读：使用 with 语句可以使代码更加简洁和易读，减少重复代码和拼写错误。

（3）使用 geopandas 模块

```
import geopandas as gpd

# 打开 shp 文件
shp_file = gpd. read_file(' vector. shp')
# 获取几何图形个数
geom_count = len(shp_file)
# 获取字段列表
fields = shp_file. columns. tolist()
```

（4）使用 pyshp 模块

```
import shapefile
# 打开 shp 文件
shp_file = shapefile. Reader(' vector. shp')
# 获取几何图形个数
geom_count = len(shp_file)
# 获取字段列表
fields = [field[0] for field in shp_file. fields[1:]]
```

案例 2 几何图形的类型与创建

矢量数据中几何图形的类型包括点（Point）、线（Line）、多边形、（Polygon）、多部件几何图形（Multi-Geometry）等。在矢量数据几何图形创建过程中可以使用 OGR 模块完成。下面几个例子显示了如何使用 OGR 模块创建不同类型的几何图形。

在创建几何图形中可以使用 ogr. Geometry 或 ogr. Create GeometryFromWkt，二者均能完成几何图形的创建，不同的是 ogr. CreateGeometryFromWkt 创建出的几何对象是通过解析 WKT 字符串生成的，而 ogr. Geometry 则是先生成几何数据类型，然后添加几何数据坐标点创建的。

（1）创建单点几何图形

下面的代码演示创建了单点几何图形，坐标点为（1，2），如图 2.1 所示。

```
from osgeo import ogr

# 创建点的几何数据类型,ogr. wkbPoint 表示几何图形为点
point = ogr. Geometry(ogr. wkbPoint)
# 添加点的 x, y 坐标
point. AddPoint(1, 2)
```

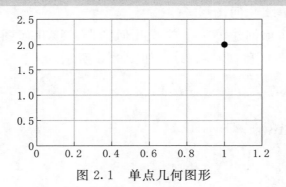

图 2.1 单点几何图形

如果使用 ogr. CreateGeometryFromWkt 创建上述几何图形，代码如下：

```
point = ogr.CreateGeometryFromWkt("POINT(1 2)")
```

（2）创建多点几何图形

下面的代码演示创建了两个点几何图形，坐标点分别为（1，2）和（2，3），如图 2.2 所示。

```
from osgeo import ogr

point = ogr.Geometry(ogr.wkbMultiPoint)
point.AddPoint(1, 2)
point.AddPoint(2, 3)
```

如果使用 ogr.CreateGeometryFromWkt 创建上述几何图形，代码如下：

```
point = ogr.CreateGeometryFromWkt("MULTIPOINT (1 2, 2 3)")
```

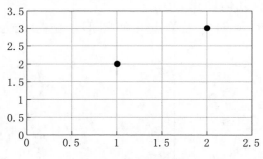

图 2.2　多点几何图形

（3）创建单线几何图形

下面代码演示创建了 1 个单线几何图形，该几何图形坐标分别为（1，1）、（0，1.5）和（0.5，2），如图 2.3 所示。

```
from osgeo import ogr

line = ogr.Geometry(ogr.wkbLineString)
# 添加线的两个顶点
line.AddPoint(1, 1)
line.AddPoint(0, 1.5)
line.AddPoint(0.5, 2)
```

如果使用 ogr. CreateGeometryFromWkt 创建上述几何图形，代码如下：

```
line = ogr. CreateGeometryFromWkt("LINESTRING(1 1, 0 1. 5, 0. 5, 2)")
```

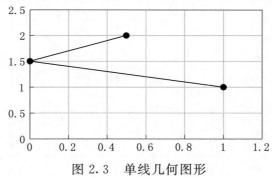

图 2.3　单线几何图形

　　（4）创建多线几何图形

　　下面代码演示创建了 1 个多线几何图形，两条线几何图形坐标分别为（1，2）、（3，4）、（5，6）和（2，2）、（4，4）、（6，6），如图 2.4 所示。

```
from osgeo import ogr

# 创建多线几何图形
multiline = ogr. Geometry(ogr. wkbMultiLineString)
# 创建第一条线
line1 = ogr. Geometry(ogr. wkbLineString)
line1. AddPoint(1, 2)
line1. AddPoint(3, 4)
line1. AddPoint(5, 6)
# 创建第二条线
line2 = ogr. Geometry(ogr. wkbLineString)
line2. AddPoint(2, 2)
line2. AddPoint(4, 4)
line2. AddPoint(6, 6)
# 将两条线添加到多线几何图形中
multiline. AddGeometry(line1)
multiline. AddGeometry(line2)
```

如果使用 ogr. CreateGeometryFromWkt 创建上述几何图形，代码如下：

```
multiline = ogr. CreateGeometryFromWkt("MULTILINESTRING ((1 2, 3 4, 5 6), (2 2, 4 4, 6 6))")
```

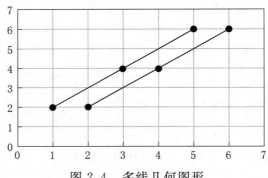

图 2.4　多线几何图形

（5）创建单个多边形几何图形

下面的代码演示创建了单个多边形的几何图形，其四至角点坐标为（2，2）、（2，3）、（3，3）、（3，2），如图 2.5 所示。

```
from osgeo import ogr

# 创建一个多边形对象,此时对象是空的
polygon = ogr. Geometry(ogr. wkbPolygon)
# 创建一个线性环(即多边形的一个边),表示一个正方形,由五个点组成
ring = ogr. Geometry(ogr. wkbLinearRing)
ring. AddPoint(2, 2)
ring. AddPoint(2, 3)
ring. AddPoint(3, 3)
ring. AddPoint(3, 2)
ring. AddPoint(2, 2)
# 将线性环添加到多边形对象中,得到一个由四个边组成的正方形多边形对象
polygon. AddGeometry(ring)
```

如果使用 ogr. CreateGeometryFromWkt 创建上述几何图形，代码如下：

```
polygon = ogr. CreateGeometryFromWkt("POLYGON ((2 2 0, 2 3 0, 3 3 0, 3 2 0, 2 2 0))")
```

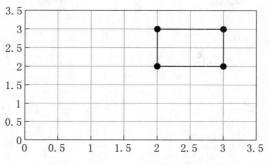

图 2.5　单个多边形几何图形

> Tips：CloseRings（）
>
> ■ CloseRings（）方法用于关闭多边形对象的环。在使用开源 GIS
> 类库如 GDAL/OGR 创建和编辑几何对象时，一些环可能只是
> 部分地添加到多边形中。为了使多边形可用，需要完全添加每
> 个环，并根据需要关闭所有环。
> ■ 如果本例中没有倒数第 2 行代码的 ring. AddPoint（2，2），为
> 了确保多边形环是闭合的则需要在 polygon. AddGeometry
> （ring）后面添加一行代码 polygon. CloseRings（）。

（6）创建多个多边形几何图形

下面的代码演示创建了包含两个多边形的几何图形，两个多边形
的四至角点坐标分别为（0，0）、（0，1）、（1，1）、（1，0）和（2，2）、
（2，3）、（3，3）、（3，2），如图 2.6 所示。

```
from osgeo import ogr

# 创建一个空的多边形集合
multipolygon = ogr. Geometry(ogr. wkbMultiPolygon)
# 创建第一个多边形的外环
ring1 = ogr. Geometry(ogr. wkbLinearRing)
ring1. AddPoint(0, 0)
ring1. AddPoint(0, 1)
ring1. AddPoint(1, 1)
ring1. AddPoint(1, 0)
```

```
ring1. AddPoint(0, 0)
♯ 创建第二个多边形的外环
ring2 = ogr. Geometry(ogr. wkbLinearRing)
ring2. AddPoint(2, 2)
ring2. AddPoint(2, 3)
ring2. AddPoint(3, 3)
ring2. AddPoint(3, 2)
ring2. AddPoint(2, 2)
♯ 创建并添加第一个多边形
polygon1 = ogr. Geometry(ogr. wkbPolygon)
polygon1. AddGeometry(ring1)
multipolygon. AddGeometry(polygon1)
♯ 创建并添加第二个多边形
polygon2 = ogr. Geometry(ogr. wkbPolygon)
polygon2. AddGeometry(ring2)
multipolygon. AddGeometry(polygon2)
```

如果使用 ogr. CreateGeometryFromWkt 创建上述几何图形，代码如下：

```
multipolygon = ogr. CreateGeometryFromWkt("MULTIPOLYGON (((0 0,0 1,1 1,1 0,0 0)),((2 2,2 3,3 3,3 2,2 2)))")
```

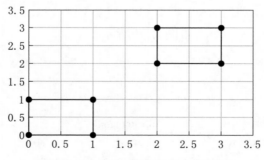

图 2.6　多个多边形几何图形

（7）创建多部件几何图形

下面的代码演示创建了 1 个坐标为（0.5，5）的点、1 条起点坐标为（2，3）终点坐标为（2.5，5）、1 个四至角点坐标分别为（0.5，

14

0.5）、（0.5，1.5）、（1.5，1.5）、（1.5，0.5）的多边形的多部件几何
图形，如图 2.7 所示。

```
from osgeo import ogr

# 创建一个空的多部件几何图形
multiGeom = ogr.Geometry(ogr.wkbGeometryCollection)
# 创建一个点
pointGeom = ogr.Geometry(ogr.wkbPoint)
pointGeom.AddPoint(1, 1)
# 将点添加到多部件几何图形中
multiGeom.AddGeometry(pointGeom)
# 创建一条线
lineGeom = ogr.Geometry(ogr.wkbLineString)
lineGeom.AddPoint(1, 1.5)
lineGeom.AddPoint(1.5, 1)
# 将线添加到多部件几何图形中
multiGeom.AddGeometry(lineGeom)
# 创建一个多边形
polygonGeom = ogr.Geometry(ogr.wkbPolygon)
ring = ogr.Geometry(ogr.wkbLinearRing)
ring.AddPoint(0.5, 0.5)
ring.AddPoint(0.5, 1.5)
ring.AddPoint(1.5, 1.5)
ring.AddPoint(1.5, 0.5)
ring.AddPoint(0.5, 0.5)
polygonGeom.AddGeometry(ring)
# 将多边形添加到多部件几何图形中
multiGeom.AddGeometry(polygonGeom)
```

如果使用 ogr.CreateGeometryFromWkt 创建上述几何图形，代
码如下：

```
multiGeom = ogr.CreateGeometryFromWkt("GEOMETRYCOLLECTION (POINT (0 0
0),LINESTRING (0 0 0,1 1 0),POLYGON ((0 0 0,0 1 0,1 1 0,1 0 0,0 0 0)))")
```

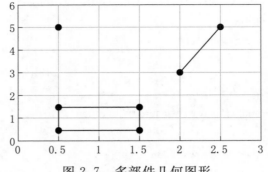

图 2.7　多部件几何图形

需要注意的是,本书中使用 ogr. Geometry 或 ogr. CreateGeometry FromWkt 创建的各类型几何图形坐标点均为相对坐标,并非真实世界的坐标值,且几何图形并无坐标信息。如果想将上述生成的几何图形转换为具有地理或投影坐标信息的矢量数据,还需要进行如下操作。以上面创建的单个多边形几何图形为例,将其导出为矢量数据 vector. shp,并将其坐标系定义为 WGS84,具体代码如下:

```
from osgeo import ogr, osr

polygon = ogr. CreateGeometryFromWkt("POLYGON ((2 2 0,2 3 0,3 3 0,3 2 0,2 2 0))")
# 创建一个矢量图层
driver = ogr. GetDriverByName('ESRI Shapefile')
shapefile = driver. CreateDataSource('vector. shp')
# 定义坐标参考系统,WGS84 坐标系的 EPSG 编码是 4326
srs = osr. SpatialReference()
srs. ImportFromEPSG(4326)
# 为数据源设置选项
options = ['SRID=4326']
# 创建带选项的数据源
layer = shapefile. CreateLayer('vector. shp', srs = srs, options = options, geom_type =
ogr. wkbPolygon)
# 添加属性字段
layer. CreateField(ogr. FieldDefn('id', ogr. OFTInteger))
# 创建要素
```

```
featureDefn = layer. GetLayerDefn()
feature = ogr. Feature(featureDefn)
feature. SetField('id', 1)
feature. SetGeometry(polygon)
# 将要素添加到图层中
layer. CreateFeature(feature)
# 保存和清除资源
feature，shapefile = None, None
```

案例 3　矢量数据字段操作

矢量数据的字段操作是矢量数据处理中最常用需求，本书主要以 OGR 模块为例演示矢量数据字段的添加、检查、删除、读取和赋值等。当然，Fiona 和 pyshp 等类库同样可以完成这些操作。

（1）添加新字段

假设现有 1 个矢量数据 vector. shp，下面代码可实现向该矢量数据中添加 1 个名字为 Type 的字段，字段类型为 Integer，具体代码如下：

```
from osgeo import ogr

# 创建 ESRI Shapefile 文件驱动
driver = ogr. GetDriverByName('ESRI Shapefile')
# 打开 vector. shp 数据,1 表示数据可写
ds = driver. Open('vector. shp', 1)
# 获取数据图层
layer = ds. GetLayer()
# 定义字段
field_definition = ogr. FieldDefn('Type', ogr. OFTInteger)
# 创建字段
layer. CreateField(field_definition)
# 关闭数据集,释放资源
ds = None
```

17

对于上面的代码而言，如果拟添加浮点型字段或字符型字段等，总体代码基本相同，需要将"定义字段"代码中的 ogr. OFTInteger 更改为 ogr. OFTReal 或 ogr. OFTString。其他类型见附件 1。

　　（2）检查某个字段是否存在

　　如果想检查 vector. shp 矢量文件中是否包含名字为 Type 的字段，可由如下代码完成：

```
from osgeo import ogr

# 与刚打开的文件打开不同,可以直接使用 ogr. Open 打开矢量文件
# update=False 表示只读模式打开文件
ds = ogr. Open(' vector. shp', update=False)
layer = ds. GetLayer()
definition = layer. GetLayerDefn()
# 定义 flag 变量用于指示需要检查的字段是否存在于矢量文件中
flag = 0
for index in range(definition. GetFieldCount()):
        # 调用 definition 对象的 GetFieldDefn()方法
        # 根据当前下标获取属性字段序列中对应 Index 位置的字段
        # 然后判断其字段名称是否为"Type"。
        if ' Type' == definition. GetFieldDefn(index). GetName():
            # 如果字段存在将 flag 赋值为 1
            flag = 1
ds = None
```

　　如果代码运行结束，flag 等于 1 则表示该矢量文件存在名字为 Type 的字段，反之亦然。

　　上面的代码稍加修改就可以获取该矢量文件包含的所有字段，具体代码如下：

```
ds = ogr. Open(' rector. shp', update=False)
layer = ds. GetLayer()
layer_defn = layer. GetLayerDefn()
field_name_list = []
```

```
for i in range(layer_defn. GetFieldCount()):
    field_def = layer_defn. GetFieldDefn(i)
    field_name_list. append(field_def. GetName())
ds = None
```

（3）删除某字段

下面的代码演示了如何删除 vector. shp 矢量文件中名字为 Type 的字段：

```
from osgeo import ogr

ds = ogr. Open('vector. shp', update=True)
layer = ds. GetLayer()
definition = layer. GetLayerDefn()
for index in range(defs. GetFieldCount()):
        if 'Type' == defs. GetFieldDefn(index). GetName():
                layer. DeleteField(index)
ds = None
```

（4）读取某字段值

矢量文件 vector. shp 有 n 个面文件几何图形（图斑），其中字段 Type 是各图斑的土地利用类型，现在想依次读取各图斑土地利用类型数据，可由如下代码完成：

```
from osgeo import ogr

ds = ogr. Open('vector. shp', update=False)
layer = ds. GetLayer()
for feature in layer:
    value = feature. GetField('Type')
    print(value)
ds = None
```

除上述方式通过"for feature in layer"循环外，也可以使用 while 循环得到，具体代码如下：

```
feature = laye r. GetNextFeature()
while feature：
    value = feature. GetField(' Type')
    print(value)
    feature = layer. GetNextFeature()
```

Tips：GetNextFeature（）
■ GetNextFeature（）是 GDAL/OGR 中用于获取下一个要素的函数，当首次调用该方法时，会返回矢量文件中的第一个要素，然后每次调用该方法都会返回下一个要素，直到所有要素都被访问完毕，此时函数返回 None。

（5）给某字段赋值

假设 vector. shp 矢量文件的 Type 字段为空，字段类型为浮点型，拟向 vector. shp 矢量文件 Type 字段添加随机 2～8 之间浮点数，可由如下代码完成：

```
import random
from osgeo import ogr

ds = ogr. Open(' vector. shp', update＝True)
layer = ds. GetLayer()
for feature in layer：
    feature. SetField(' Type', random. uniform(2, 8))
    layer. SetFeature(feature)
ds = None
```

案例 4　矢量数据间字段及字段值拷贝

多个矢量数据间字段及字段值拷贝在地理空间数据处理中也是常见问题。现在有两个矢量数据 vector_1. shp 和 vector_2. shp（二者几何要素完全相同），其中 vector_1. shp 字段比 vector_2. shp 多，假设多出的字段有 N 个，需要通过代码自行比较获取，现在需要在

vector_2. shp 中新建这个 N 个字段，同时将 vector_1. shp 中 N 个字段值拷贝到 vector_2. shp 新增的对应字段中。下面分别使用 OGR 和 Geopandas 模块实现上述要求。

（1）OGR 模块

```
from osgeo import ogr

ds1, ds2 = ogr. Open('vector_1. shp'), ogr. Open('vector_2. shp', 1)
lyr1, lyr2 = ds1. GetLayer(), ds2. GetLayer()
# 获取字段列表
fields_list1 = [field. GetName() for field in lyr1. schema]
fields_list2 = [field. GetName() for field in lyr2. schema]
# 获取 vector_2. shp 没有的字段列表
new_fields = list(set(fields_list1) - set(fields_list2))
# 针对每个新字段进行处理
for field_name in new_fields:
    # 创建字段定义
    field_defn = lyr1. GetLayerDefn(). GetFieldDefn(fields_list1. index(field_name))
    # 在 vector_2. shp 创建新字段
    lyr2. CreateField(field_defn)
    # 遍历输入矢量文件中的要素
    lyr1. ResetReading()
    for feat1 in lyr1:
        # 获取输入矢量文件中当前要素的字段值
        value1 = feat1. GetField(field_name)
        # 遍历输出矢量文件中的要素
        lyr2. ResetReading()
        for feat2 in lyr2:
            # 判断输入和输出矢量文件中的要素几何是否相同
            if feat2. GetGeometryRef(). Equals(feat1. GetGeometryRef()):
                # 设置输出矢量文件中当前要素的字段值
                feat2. SetField(field_name, value1)
                # 更新输出矢量文件中的要素
                lyr2. SetFeature(feat2)
```

```
                    break
# 将修改内容同步写入磁盘
ds2. SyncToDisk()
# 关闭数据源
ds1, ds2 = None, None
```

（2）Geopandas 模块

```
import geopandas as gpd


# 读取输入和输出矢量文件为 GeoDataFrame 对象
vector_1_gdf = gpd. read_file(' vector_1. shp')
vector_2_gdf = gpd. read_file(' vector_2. shp')


# 获取在输出矢量文件中不存在的字段列表
new_fields = list(set(vector_1_gdf. columns) - set(vector_2_gdf. columns))


# 在输出矢量文件中添加新字段,并将值从输入矢量文件复制到输出矢量文件
for field_name in new_fields:
    vector_2_gdf[field_name] = vector_1_gdf[field_name]


# 将更新后的输出矢量文件写入磁盘
vector_2_gdf. to_file(_vector_need_to_copy_filed_value)
# _vector_need_to_copy_filed_value 表示在当前目录产生的新矢量数据
```

案例 5 矢量数据四至角点、中心点与面积

四至角点是某区域（如矢量数据或栅格数据覆盖的范围）左下角、右下角、左上角和右上角的四个地理位置坐标，四至角点决定了该区域的空间范围，可由经纬度坐标或投影坐标值表示，也可以使用公里网等单位表示。现有某矢量文件 vector. shp，包括多个几何图形，下面代码演示了矢量数据四至角点获取，质心坐标计算与面积计算。

（1）四至角点获取

```
from osgeo import ogr

driver = ogr. GetDriverByName('ESRI Shapefile')
ds = driver. Open('vector. shp', 0)
layer = ds. GetLayer()
extent = layer. GetExtent()
feature = layer. GetFeature(0)
feature_extent = feature. GetGeometryRef(). GetEnvelope()
ds = None
```

上述代码演示了矢量数据与矢量数据中的某个几何图形四至角点的获取。代码中 extent 变量表示该矢量数据的四至角点坐标，feature_extent 表示了该矢量数据的第一个几何图形的四至角点坐标。

（2）几何图形质心坐标

```
from osgeo import ogr

ds = ogr. Open('vector. shp')
lyr = ds. GetLayer()
featcount = lyr. GetFeatureCount()
feat = lyr. GetFeature(0)
geomtry = feat. GetGeometryRef()
# 计算图形质心坐标
centroidCoord = geomtry. Centroid()
centroidCoordX, centroidCoordY = centroidCoord. GetX(), centroidCoord. GetY()
ds = None
```

上述代码计算得到的 centroidCoordX，centroidCoordY 即为矢量数据 vector. shp 第一个几何图形的质心坐标值。

（3）几何图形面积计算

```
from osgeo import ogr

driver = ogr. GetDriverByName('ESRI Shapefile')
```

```
ds = driver. Open('vector. shp', 0)
layer = ds. GetLayer()
for feature in layer：
    ♯ 获取矢量数据图层中按顺序要素的几何图形/geometry
    geometry = feature . GetGeometryRef()
    area_value = geometry. Area()
ds = None
```

上面的代码中变量 area_value 即为矢量数据每一个几何图形的计算面积值。

案例 6　矢量数据坐标系获取与坐标系转换

EPSG 代码、WKT 和 proj4 是用于描述空间地理数据坐标系的标准语言。EPSG（European Petroleum Survey Group）代码是地理坐标系统（GCS）和投影坐标系统（PCS）的标准编号。EPSG 代码值将一个坐标系用一个唯一的标识符表示。例如，WGS84 坐标系的 EPSG 代码为 4326，UTM 投影坐标系的 EPSG 代码为 32651 等。在 GIS 软件中使用 EPSG 代码值，可以方便地定义和转换坐标系。WKT（Well-Known Text）是一种文本格式，描述坐标系的参数和定义，可以用来描述地理坐标系和投影坐标系。WKT 格式通常使用括号、逗号、分号等符号来表示其结构。proj4 是一个开源的投影库，提供了用于处理地理坐标系和投影坐标系的工具和函数。proj4 使用一种文本格式来描述坐标系，这种格式通常被称为 proj4 字符串。proj4 字符串包含了描述投影坐标系所需的所有参数，可以方便地用于定义和转换坐标系。

（1）获取矢量文件坐标系信息

下面的代码演示了如何获取矢量文件 vector. shp 的坐标系信息：

```
from osgeo import ogr

ds = ogr. Open('vector. shp', update=False)
layer = ds. GetLayer()
```

```
srs = layer.GetSpatialRef()
epsg_code = srs.GetAttrValue('AUTHORITY', 1)
wkt_value = srs.ExportToWkt()
proj4_str = srs.ExportToProj4()
ds = None
```

代码运行后，epsg_code、wkt_value 和 proj4_str 三个变量就是矢量文件 vector.shp 的三种坐标系信息值。

（2）确定矢量文件坐标系类型

那么如何判断该矢量文件是地理坐标系还是投影坐标系呢？可由如下代码实现这一目标。

```
ds = ogr.Open(inputVector)
layer = ds.GetLayer()
spatial_reference = layer.GetSpatialRef()
# 获取的空间参考信息转换为 WKT 格式
coord_sys = osr.SpatialReference(spatial_reference.ExportToWkt())
# IsGeographic()是 osr.SpatialReference 对象中的一个方法
# 用于判断该空间参考对象是否是一个地理坐标系。
if coord_sys.IsGeographic():
    print(">>>>_>>>>地理坐标系.")
    else：
    print(">>>>_>>>>投影坐标系.")
```

（3）矢量文件坐标系变换

现在有 1 个矢量数据 vector_1.shp，想更改其坐标系到某一目标坐标系并生成新的矢量文件 vector_2.shp，目标坐标系可以是某个矢量文件（vector_T.shp），也可以是 EPSG 编码，或格式的 WKT、proj4 字符串。以下代码可以实现上述目标。

1）假如目标坐标系是矢量文件 vector_T.shp，代码如下：

```
from osgeo import ogr, osr

# 定义目标坐标系
tgt_srs = osr.SpatialReference()
```

```
# 从矢量文件 vector_T. shp 获取目标坐标系
coor_ds = ogr. Open('vector_T. shp')
coor_lyr = coor_ds. GetLayer()
coor_sr = coor_lyr. GetSpatialRef()
coor_wkt = osr. SpatialReference(coor_sr. ExportToWkt())
tgt_srs. ImportFromWkt(coor_wkt)
coor_ds = None
# 打开源文件
src_ds = ogr. Open(vector_1. shp)
src_layer = src_ds. GetLayer()
# 创建目标文件
tgt_ds = driver. CreateDataSource(vector_2. shp)
tgt_layer = tgt_ds. CreateLayer('layer_name',
                                srs=tgt_srs,
                                geom_type=src_layer. GetGeomType())
# 给目标文件添加字段
layer_def = src_layer. GetLayerDefn()
for i in range(layer_def. GetFieldCount()):
        field_def = layer_def. GetFieldDefn(i)
        tgt_layer. CreateField(field_def)
# 创建坐标系转换对象
transform = osr. CoordinateTransformation(src_layer. GetSpatialRef(), tgt_srs)
# 复制要素和转换坐标系
for feature in src_layer:
        geom = feature. GetGeometryRef()
        geom. Transform(transform)
        tgt_feature = ogr. Feature(layer_def)
        for i in range(layer_def. GetFieldCount()):
                field_value = feature. GetField(i)
                tgt_feature. SetField(i, field_value)
        tgt_feature. SetGeometry(geom)
        tgt_layer. CreateFeature(tgt_feature)
```

```
# 关闭数据集
tgt_ds, src_ds = None, None
```

2）假如目标坐标系是 EPSG 编码，只需要将下面的代码

```
coor_ds = ogr.Open(tgt_coor_sys_file)
coor_lyr = coor_ds.GetLayer()
coor_sr = coor_lyr.GetSpatialRef()
coor_wkt = osr.SpatialReference(coor_sr.ExportToWkt())
tgt_srs.ImportFromWkt(coor_wkt)
coor_ds = None
```

修改为

```
tgt_srs.ImportFromEPSG(epsg_value)
```

代码的其他内容不变。

3）假如目标坐标系是格式化的 WKT 字符串，还是将上述 6 行代码修改为

```
tgt_srs.ImportFromWkt(wkt_str)
```

代码的其他内容不变。

4）假如目标坐标系是格式化的 proj4 字符串，同样将上述 6 行代码修改为

```
tgt_srs.ImportFromWkt(proj4_str)
```

代码的其他内容不变。

（4）将某矢量数据坐标系变更为 CGCS2000 高斯克吕格三度带投影坐标系

2000 国家大地坐标系（China GeodeticCoordinate System 2000，CGCS 2000）是由我国建立的高精度、地心大地坐标系，该系统以 ITRF97 参考框架为基准，其原点为包括海洋和大气的整个地球的质量中心，参考历元为 2000.0，所采用的地球椭球为 CGCS2000 椭球。参数如下：长半轴 $a=6378137\mathrm{m}$，扁率 $f=1:298.257222101$，地心引力常数 $GM=3.986004418\times10^{14}\mathrm{m}^{3}/\mathrm{s}^{2}$，自转角速度 $\omega=7.292115\times10^{-5}\mathrm{rad/s}$。高斯克吕格投影（Gauss-Krüger projection）由德国数学家卡尔·弗里

27

德里希·高斯和弗里德里希·威廉·克吕格于 19 世纪提出，也称为高斯投影，是一种常用的圆柱形割圆锥等角投影，用于将地球表面的经度和纬度坐标转换为平面坐标。CGCS2000 高斯克吕格三度带投影坐标系广泛应用于我国地理测量、地理信息系统（GIS）、测绘学等领域。

假设某矢量数据 vector. shp，现需要把该矢量数据坐标系变换为 CGCS2000 高斯克吕格三度带投影坐标系，坐标系变换后的矢量数据为 vector_change. shp。基本思路是：①先获取 vector. shp 中央经线数值；②获取中央经线对应的"CGCS2000 高斯克吕格三度带投影坐标系"标准的 WKT 字符串；③依据获取的 WKT 字符串对 vector. shp 进行坐标系变换。下面通过几个函数实现上述目标：

```
import sys
from osgeo import ogr，osr
import geopandas as gpd


def get_vector_four_extent(file_path)：
    """
    获取矢量数据的四至角点坐标.
    Args：
        file_path 矢量数据文件
    Return：
        四至角点坐标值
        如(124.9177833718564，49.13590709284672，
          124.92384750138568，49.13938616174836)
    """
    # 打开矢量文件
    data_source = ogr. Open(file_path)
    if data_source is None：
        raise ValueError("无法打开矢量文件")
    # 获取第一个图层
    layer = data_source. GetLayerByIndex(0)
    # 获取图层的空间参考
```

```
    spatial_ref = layer. GetSpatialRef()
    # 获取图层的四至角点
    extent = layer. GetExtent()
    # 转换四至角点坐标到图层的空间参考中
    transform = osr. CoordinateTransformation(spatial_ref，spatial_ref. CloneGeogCS())
    # 转换到地理坐标系
    minx，maxx，miny，maxy = extent
    minlon，minlat，_ = transform. TransformPoint(minx，miny，0)
    maxlon，maxlat，_ = transform. TransformPoint(maxx，maxy，0)
    data = None
    return minlon，minlat，maxlon，maxlat


def get_CGCS2000_3_Degree_Gauss_Kruger_wkt(center_longitude)：
    """
    获取 CGCS2000 高斯克吕格三度带投影坐标系标准 WKT 字符串

    Args：
        center_longitude 中央经线值
    Return：
        该中央经线对应的 CGCS2000 高斯克吕格投影坐标系标准 WKT 字符串
    """
    # original_wkt 为我国境内 CGCS2000 高斯克吕格三度带投影坐标系标准 WKT 字符串
    original_wkt = ' PROJCS["CGCS2000 / 3-degree Gauss-Kruger zone zone_value"，
                GEOGCS["China Geodetic Coordinate System 2000"，
                DATUM["China_2000"，SPHEROID["CGCS2000"，6378137，298. 257222101，
                AUTHORITY["EPSG"，"1024"]]，
                AUTHORITY["EPSG"，"1043"]]，
                PRIMEM["Greenwich"，0，AUTHORITY["EPSG"，"8901"]]，
                UNIT["degree"，0. 0174532925199433，AUTHORITY["EPSG"，"9122"]]，
                AUTHORITY["EPSG"，"4490"]]，
                PROJECTION["Transverse_Mercator"]，
                PARAMETER["latitude_of_origin"，0]，
                PARAMETER["central_meridian"，cm_value]，
                PARAMETER["scale_factor"，1]，
```

```
                    PARAMETER["false_easting",east_offset_value],
                    PARAMETER["false_northing",0],
                    UNIT["metre",1,AUTHORITY["EPSG","9001"]],
                    AXIS["Northing",NORTH],AXIS["Easting",EAST],
                    AUTHORITY["EPSG","epsg_value"]]'
    # 计算中央经线对应的三度带号码
    three_code = int(center_longitude/3)
    # 我国 CGCS2000 高斯克吕格三度带投影坐标三度带编号为 25～45
    # 如果刚好计算得到的是 24 就赋值为 25
    if three_code == 24:
        three_code = 25
    # 如果刚好计算得到的是 46 就赋值为 45
    if three_code == 46:
        three_code = 45
    # 如果三度带编号不在[24 46]范围内,则跳出程序
    if three_code > 46 or three_code < 24:
        print(">>>>_>>>>CGCS2000 高斯克吕格三度带投影坐标系经度范围……")
        sys.exit(0)
    # 将 zone_value 替换为计算得到的投影带号
    updated_wkt = original_wkt.replace("zone zone_value", f"zone {three_code}")
    # 将 cm_value 替换为新的中央经线
    updated_wkt = updated_wkt.replace('"central_meridian",cm_value',
                                      f'"central_meridian",{three_code * 3}')
    # 将 east_offset_value 替换为计算得到的东偏移量
    east_offset = three_code * 10 ** 6+500000
    updated_wkt = updated_wkt.replace('"false_easting",east_offset_value',
                                      f'"false_easting",{east_offset}')
    # 将 epsg_value 替换为计算得到的投影坐标系标识
    epsg = int('45' + str(three_code - 12))
    updated_wkt = updated_wkt.replace("epsg_value", f"{epsg}")
    return updated_wkt

def vector_coordinate_change_base_on_wkt(input_file, output_file, target_wkt):
    """
```

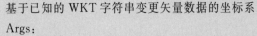

基于已知的 WKT 字符串变更矢量数据的坐标系

Args：

　　input_file 需要转换坐标系的矢量数据

　　output_file 坐标系转换后的矢量数据

　　target_wkt 已知的 WKT 字符串

Return：

　　None

"""

```
# 读取输入矢量文件
gdf = gpd. read_file(input_file)
# 将目标坐标系应用于 GeoDataFrame
gdf = gdf. to_crs(target_wkt)
# 保存转换后的结果到输出文件
gdf. to_file(output_file)
```

基于上述 3 个函数，由下面几行代码即可完成上述工作目标。

```
# 获取 vector. shp 中央经线值 longitude_value
minlon，_，maxlon，_ = get_vector_four_extent(' vector. shp')
longitude_value = (minlon + maxlon)/2
# 根据中央经线值获取 CGCS2000 高斯克吕格三度带投影坐标系 WKT 字符串
wkt = get_CGCS2000_3_Degree_Gauss_Kruger_wkt(longitude_value)
# 基于获得得到的 WKT 字符串对原矢量数据进行坐标系变更
vector_coordinate_change_base_on_wkt(input_file=' vector. shp'，output_file=' vector_
change. shp'，
                          target_wkt=wkt)
```

案例 7　矢量数据几何图形的导出

　　矢量数据几何图形的导出是地理空间数据处理中常见问题，可以根据矢量数据 FID 编码顺序导出几何图形，也可以根据某些字段导出特定条件的几何图形。

（1）导出矢量数据第几个几何图形

　　现在有某个矢量数据 vector. shp，包含多个几何图形，现在想导出第

3 个几何图形并生成新的矢量数据 vector_3. shp，可由下面的代码实现：

```
from osgeo import ogr

ds = ogr. Open(' vector. shp')
lyr = ds . GetLayer()
spatial = lyr. GetSpatialRef()
# 获取第三个要素
feat = lyr. GetFeature(2)
geom = feat. geometry()
# 定义数据驱动
driver = ogr. GetDriverByName("ESRI Shapefile")
# 创建数据
outds = driver. CreateDataSource(vector_3. shp)
# 创建图层
outlayer = outds. CreateLayer(vector_3. shp, spatial, geom_type=ogr. wkbPolygon)
# 获取图层定义
out_defn = outlayer. GetLayerDefn()
# 创建新的要素
out_feat = ogr. Feature(out_defn)
# 设置几何形状
out_feat. SetGeometry(geom)
outlayer. CreateFeature(out_feat)
ds, outds = None, None
```

（2）导出矢量数据特定字段特定值对应的几何图形

矢量数据 vector. shp 包含字段 Type，假设该字段为土地利用类型，字段数据类型为整型。导出 Type=11 和 Type=12 对应的几何图形，生成新的矢量数据 vector_11_12. shp。上述目标可分别由 Geopandas 和 OGR 模块完成，具体代码如下。

1）使用 Geopandas 模块

```
import geopandas as gpd

gdf = gpd. read_file(' vector. shp')
```

```
gdf_11_12 = gdf[(gdf['Type'] == 11) | (gdf['Type'] == 12)]
gdf_11_12. to_file(vector_11_12. shp, driver='ESRI Shapefile')
```

2）使用 OGR 模块

```
import os，sys
from osgeo import ogr

# 为 ESRI Shapefile 格式获取驱动程序对象
driver = ogr. GetDriverByName('ESRI Shapefile')
# 如果输出文件已经存在，删除它
if os. path. exists('vector_11_12. shp')：
    driver. DeleteDataSource('vector_11_12. shp')
# 打开输入文件 并获取图层和空间参考
inds = ogr. Open('vector. shp', 0)
if inds is None：
    sys. exit(1)
inlayer = inds. GetLayer()
spatial = inlayer. GetSpatialRef()
# 创建输出 shp 文件 以及对应的 feature
outds = driver. CreateDataSource('vector_11_12. shp')
outlayer = outds. CreateLayer('vector_11_12. shp', spatial, geom_type=ogr. wkbPolygon)
# 在输出文件中创建与输入文件类型相同的新字段
infeature = inlayer. GetNextFeature()
specificfielddefn = infeature. GetFieldDefnRef('Type')
outlayer. CreateField(specificfielddefn)
outfeaturedefn = outlayer. GetLayerDefn()
# 遍历 shp 文件中的所有 feature
# 寻找特定字段 Type 满足 11 或 12 要求的情况，然后添加进出图层中
for feature in inlayer：
    field_value = feature. GetField('Type')
    if field_value == 11 or field_value == 12：
        new_feature = ogr. Feature(outfeaturedefn)
        geom = feature. GetGeometryRef()
        new_feature. SetGeometry(geom)
```

```
            new_feature. SetField('type', field_value)
            outlayer. CreateFeature(new_feature)
            new_feature. Destroy()
# 关闭文件
inds. Destroy()
outds. Destroy()
```

这里使用 OGR 模块中比较容易理解的方式来实现这个目标，在满足目标图层的筛选中也可以使用 OGR 中 dataSource. CreateLayer 的过滤条件，通过 options 参数制定满足条件的几何图形。options 参数是一个字符串列表，每个元素代表 1 个选项，具体包含的参数有：SHPT：指定将要创建的几何类型，如 POINT、LINESTRING、POLYGON、MULTIPOINT、MULTILINESTRING、MULTIPOLYGON。例如：options＝ ['SHPT＝POINT']。ENCODING：指定编码方式，如 options＝ ['ENCODING＝UTF−8']。FID：指定要素 ID 的名称或生成方式，如 AUTO、OGR_STYLE 或者任意的字段名称。例如：options＝ ['FID＝NewID']。GEOMETRY_NAME：指定要素几何列的字段名。例如：options＝ ['GEOMETRY_NAME＝shape']。

假设有一个名为 points. shp 的点矢量文件，其中包含一个字段名为 color，仅想要创建一个只包含红色点的新图层，那么可以这样使用 options 参数：

```
options = ['WHERE', "color = 'red'"]
newLayer = dataSource. CreateLayer('newPoints', spatialRef, ogr. wkbPoint, options)
```

在这个例子中，指定 WHERE 后面的字符串" color＝'red'" 作为 SQL 表达式，表示只有 color 值为 red 的要素符合筛选条件，才会被添加到新图层中。

案例 8　矢量数据几何图形空间位置判断

矢量数据几何图形的空间位置判断是指点、线、面矢量文件的空间位置关系，如线文件是否相交、面文件是否相交、点是否在面文件内等。下面基于 pyshp、shapely、geopandas 等类库实现上述目标，具体代码如下。

（1）点与线的空间关系

点线空间位置关系如图 2.8 所示。假设现有 1 个点矢量文件 point. shp 和 1 个线矢量文件 line. shp，下面的代码可以判断点是否在线上。

```
import fiona

points, lines = fiona. open('point. shp'), fiona. open('line. shp')
flag = 0
for point_feat in points:
    point_geom = Point(point_feat['geometry']['coordinates'])
    # 遍历每一个线特征
    for line_feat in lines:
        # 构建线几何对象
        line_geom = LineString(line_feat['geometry']['coordinates'])
        # 判断点是否在线之上
        if point_geom. intersects(line_geom):
            flag = 1
points. close()
lines. close()
if flag:
    print('>>>>_>>>Point is on Line. ')
else:
    print('>>>>_>>>Point is not on Line. ')
```

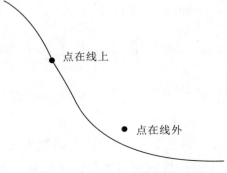

图 2.8　点线空间位置关系示意图

（2）点与面的空间关系

点面空间位置关系如图 2.9 所示。假设现有 1 个点矢量文件 point.shp 和 1 个面矢量文件 polygon.shp，下面的代码可以判断点与面的空间位置关系。

```python
import fiona

points, polygons = fiona.open('point.shp'), fiona.open('polygon.shp')
flag = 0
# 将面矢量中的多边形几何对象组成一个列表
poly_list = [Polygon(poly_feat['geometry']['coordinates'][0]) for poly_feat in polygons]
# 遍历点矢量中每个点的特征
for point_feat in points:
    point_geom = Point(point_feat['geometry']['coordinates'])
    # 遍历面矢量中每个多边形几何对象,逐一判断点的位置关系
    for poly_geom in poly_list:
        if poly_geom.contains(point_geom):
            flag = 2
        elif poly_geom.within(point_geom):
            flag = 2
        elif poly_geom.intersects(point_geom):
            flag = 1
# 关闭矢量文件
points.close()
polygons.close()
if flag == 0:
    print('>>>>__>>>Point is not in polygon.')
elif flag == 1:
    print('>>>>__>>>Point is on the boundary of polygon.')
elif flag == 2:
    print('>>>>__>>>Point is in polygon.')
```

（3）线与线的空间关系

线线空间位置关系如图 2.10 所示。假设现有 2 个线矢量文件 line_1.shp 和 line_2.shp，下面的代码可以判断两条线的空间位置关系。

点在面内●

点在边界上●

●点在面外

图 2.9　点面空间位置关系示意图

```
import fiona

flag = 0
# 读取两个线矢量
line1_layer = fiona. open('line_1. shp')
line2_layer = fiona. open('line_2. shp')
# 遍历每一条第一个线矢量中的线特征
for line1_feat in line1_layer：
    line1_geom = LineString(line1_feat['geometry']['coordinates'])
    # 遍历每一条第二个线矢量中的线特征
    for line2_feat in line2_layer：
        line2_geom = LineString(line2_feat['geometry']['coordinates'])
        # 判断两条线矢量间的空间位置关系
        if line1_geom. touches(line2_geom)：
            flag = 2
        elif line1_geom. intersects(line2_geom)：
            flag = 1
line1_layer. close()
line2_layer. close()
if flag == 0：
    print('>>>>__>>>Two lines have no spatial relationship，they do not intersect. ')
elif flag == 1：
    print('>>>>__>>>Two lines intersect. ')
elif flag == 2：
    print('>>>>__>>>Two lines are connected，touching one another. ')
```

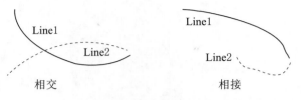

图 2.10 线线空间位置关系示意图

（4）线与面的空间关系

线面空间位置关系如图 2.11 所示。假设现有 1 个线矢量文件 line.shp 和 1 个面矢量文件 polygon.shp，下面的代码可以判断线与面的空间位置关系。

```
import shapefile
import shapely. geometry


lines = shapefile. Reader('line. shp')
polygons = shapefile. Reader('polygon. shp')
linePoints = shapely. geometry. shape(lines. shape())
polygonPoints = shapely. geometry. shape(polygons. shape())
relationshipResults = linePoints. intersection(polygonPoints)
if len(list(relationshipResults. coords)) > 0:
    print('>>>>>__>>>Line intersects with polygon. ')
else:
    print('>>>>>__>>>Line dose not intersect with polygon. ')
```

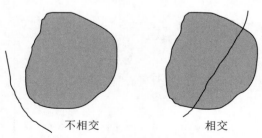

图 2.11 线面空间位置关系示意图

（5）面与面的空间关系

面面空间位置关系如图 2.12 所示。假设现有 2 个面矢量文件 polygon_1. shp 和 polygon_2. shp，下面的代码可以判断两个面文件的空间位置关系。

```
import shapefile

flag = 0
# 读取面矢量文件
sf1 = shapefile. Reader(' polygon_1. shp')
sf2 = shapefile. Reader(' polygon_2. shp')
# 获取第一个多边形
shape1 = sf1. shapes()[0]
poly1 = shapely. geometry. shape(shape1)
# 获取第二个多边形
shape2 = sf2. shapes()[0]
poly2 = shapely. geometry. shape(shape2)
# 判断空间关系
if poly1. intersects(poly2):
    if poly1. touches(poly2):
        flag = 1
    elif poly1. overlaps(poly2):
        flage = 2
    elif poly1. contains(poly2):
        # contain 是包含,表示 1 包含 2
        flag = 3
    elif poly1. within(poly2):
        # within 是被包含,表示 1 被 2 包含
        flag = 4
if flag == 0:
    print('>>>>>__>>>Two polygons have no spatial relationship, they do not inter-
sect. ')
elif flag == 1:
    print('>>>>__>>>Two polygons intersect. ')
```

（6）两个面文件最小距离

两个面文件最小距离演示如图 2.13 所示。现在有两个面矢量数

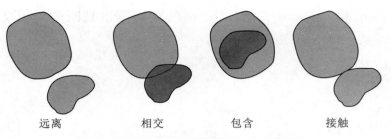

远离　　　　　相交　　　　　包含　　　　　接触

图 2.12　面面空间位置关系示意图

据 vector_1. shp 和 vector_2. shp，下面代码可实现这两个矢量数据几
何图形间最小距离求解：

```
from geopandas as gpd
gdf1，gdf2 = gpd. read_file(' vector_1. shp')，gpd. read_file(' vector_2. shp')
gdfDistance = gdf1. geometry. apply(lambda g: gdf2. distance(g))
distanceMin = np. array(gdfDistance)[0]. min()
```

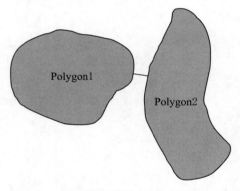

图 2.13　两个面文件最小距离示意图

需要注的是，案例 8 中进行空间位置判断的矢量数据需要具有相
同的坐标系信息。

案例 9　判断几何图形是否为近似圆形

判断几何图形是否为近似圆形在地理空间数据处理中也偶有遇
见，下面的代码基本实现了这个目标。解决思路：从几何图形的几何
中心点依次发等角度射线，计算射线与几何图形边界交点与几何中心

点距离，通过分析上述距离均值与标准差间关系判断几何图形是否近视圆形，如图 2.14 所示。

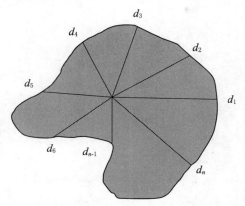

图 2.14　判断几何图形是否为近似圆形示意图

现有矢量数据 vector. shp，该矢量数据仅包含 1 个几何图形。通过下面两个函数判断 vector. shp 包含的几何图形是否近视圆形。

```
import os
import numpy as np
import math
from shapely. geometry import Point，LineString
import geopandas as gpd

def calculate_distance(geometry_ds，angle)：
    """
    计算从几何图形中心坐标发出的 angle 度射线与几何图形边界的交点与几何图形中心点之间的距离.

    Args：
        geometry_ds 几何图形数据，GeoDataFrame(地理数据框)对象
        angle 射线角度，如 45°
    Return：
        几何图形几何中心点与射线与几何图形边界角点距离
    """
    ♯ 获取几何图形的中心坐标
```

```
centroid = geometry_ds. centroid
center_x, center_y = centroid. x, centroid. y


# 计算 angle 角度射线的终点坐标
angle_rad = math. radians(angle)
max_distance = 100 * max(geometry_ds. bounds[2] - geometry_ds. bounds[0],
                         geometry_ds. bounds[3] - geometry_ds. bounds[1])
# max_distance 表示射线的最大扩展距离
# 首先计算几何边界的范围(即边界框的宽度和高度),然后取宽度和高度中的较大者
# 最后,将这个较大值乘以一个系数(这里选择 10),得到射线的最大扩展距离
end_x = center_x + max_distance * math. cos(angle_rad)
end_y = center_y + max_distance * math. sin(angle_rad)


# 创建中心点和终点对象
center_point = Point(center_x, center_y)
end_point = Point(end_x, end_y)


# 创建射线对象
ray = LineString([center_point, end_point])


# 计算射线与几何边界的交点
intersection = ray. intersection(geometry_ds. boundary)


# 如果交点为空值,则计算最大距离的终点
if intersection. is_empty:
    intersections = []
    for point in geometry_ds. boundary. coords:
        p = Point(point)
        intersections. append((p, center_point. distance(p)))
    intersections. sort(key=lambda x: x[1])   # 按照距离排序
    intersection = intersections[0][0] if intersections else None


# 计算交点与中心点的距离
distance = center_point. distance(intersection) if intersection else None
```

```
        return distance
def geometric_shape_approximate_judge(_vector, flag: bool = False):
    """
    判断某矢量数据的几何图形是否近似圆形

    Args：
        _vector 矢量数据
        flag 是否保存简化后的矢量数据
    Return：
        True 近似圆形
        False 非近似圆形
    Description：
        代码中仅以_vector 矢量数据的第一个几何图形为例, geometry = data. geometry[0]
    """
    data = gpd. read_file(_vector)
    # 获取第一个几何对象
    geometry = data. geometry[0]
    simplified_geometry = geometry. simplify(20)

    if flag：
        # 将简化后的几何转换为 GeoDataFrame
        simplified_gdf = gpd. GeoDataFrame(geometry=[simplified_geometry], crs=data. crs)
        # 保存为新的矢量文件
        path = os. path. dirname(_vector)
        name = os. path. basename(_vector). split('. ')[0] + '_simplified. shp'
        simplified_gdf. to_file(os. path. join(path, name))

    # 从 0 度开始生成一定间隔列表的射线角度值
    # 具体工作中可以根据实际情况对射线角度进行加密或减少
    angle_list = [i for i in range(0, 360, 15)]
    # 从几何图形中心坐标依次绘制上述角度列表射线,计算中心点到边界距离
    distance_list = []
    for angle in angle_list：
```

```
        _distance = calculate_distance(geometry_ds=simplified_geometry, angle=angle)
        distance_list. append(round(_distance, 4))
    # 计算平均值和标准差
    mean_distance = np. mean(distance_list)
    std_distance = np. std(distance_list)

    if mean_distance/std_distance <= 15：
        # 本例中认为距离平均值与距离标准差比值不大于15时几何图形近似圆形
        # 具体参数根据实际情况进行调整
        return True
    else：
        return False
```

那么，可由下面一行代码判断 vector. shp 包含的 1 个几何图形是否近似圆形：

```
result = geometric_shape_approximate_judge(vector，True)
if result：
    print('几何图形近似圆形')
else：
    print('几何图形非近似圆形')
```

案例 10　矢量数据几何图形缓冲、合并、融合处理

矢量数据几何图形的缓冲、合并与融合处理是地理空间数据处理中时常碰到的应用场景。以下代码演示了如何对矢量数据几何图形的缓冲、合并与融合处理。

（1）矢量数据几何图形缓冲

假设 1 个矢量数据 vector. shp 包括多个几何图形，现在想将该矢量数据各几何图形缓冲 100m，将缓冲后的几何图形导出为新的矢量数据 vector_buffer. shp，以下代码可实现上述操作：

```
from osgeo import ogr, osr
```

```
in_ds = ogr. Open('vector. shp')
in_layer = in_ds. GetLayer()
in_spatial_ref = in_layer. GetSpatialRef()
# 创建输出图层
driver = ogr. GetDriverByName('ESRI Shapefile')
out_ds = driver. CreateDataSource(out_shp)
out_layer = out_ds. CreateLayer('buffer', in_spatial_ref, ogr. wkbPolygon)
# 添加字段
in_defn = in_layer. GetLayerDefn()
for i in range(0, in_defn. GetFieldCount()):
        field_defn = in_defn. GetFieldDefn(i)
        out_layer. CreateField(field_defn)
# 对每个要素进行缓冲
for in_feature in in_layer:
        out_feature = ogr. Feature(out_layer. GetLayerDefn())
        # 设置几何形状
        geom = in_feature. GetGeometryRef()
        buffer_geom = geom. Buffer(100)
        # 设置属性值
        for i in range(0, in_defn. GetFieldCount()):
                field_value = in_feature. GetField(i)
                out_feature. SetField(i, field_value)
        # 添加几何形状和要素
        out_feature. SetGeometry(buffer_geom)
        out_layer. CreateFeature(out_feature)
in_ds, out_ds = None, None
```

（2）多个矢量数据几何图形合并

假设在文件夹 vectorFolder 中有多个矢量数据，这些矢量数据的坐标系等基本信息相同，这些矢量数据均包含字段"DN"，现在需要把这些矢量数据合并为 1 个矢量数据（见图 2.15），合并后的矢量数据名为 vector_union. shp，可由下面代码完成：

```
import os
from osgeo import ogr
```

```
out_driver = ogr. GetDriverByName(' ESRI Shapefile')
if os. path. exists(' vector_union. shp'):
    out_driver. DeleteDataSource(' vector_union. shp')
# 获取源文件坐标系
_objectSpatialRefShapefile = next((os. path. join(' vectorFolder', file) for file in os. listdir
(' vectorFolder') if file. endswith('. shp')), None)
_objectSpatialRefShapefileDs = ogr. Open(_objectSpatialRefShapefile)
_objectSpatialRef = _objectSpatialRefShapefileDs. GetLayer(). GetSpatialRef()
_objectSpatialRefShapefileDs. Destroy()

out_ds = out_driver. CreateDataSource(' vector_union. shp')
out_layer = out_ds. CreateLayer(' vector_union. shp', srs=_objectSpatialRef,
                                geom_type=ogr. wkbPolygon)

out_layer. CreateField(ogr. FieldDefn(' DN', ogr. OFTString))
shapefile_list = [file for file in os. listdir(' vectorFolder') if file. endswith('. shp')]

for i, _shapefile in enumerate(shapefile_list):
    shapefile_abspath = os. path. join(' vectorFolder', _shapefile)
    shapefile_name = _shapefile. split('. ')[0]
    _ds = ogr. Open(shapefile_abspath)
    _ly = _ds. GetLayer()
    for feat in _ly:
        _out_feat = ogr. Feature(out_layer. GetLayerDefn())
        # OGRFeature 类可以用来绘制 shp 文件
        _out_feat. SetGeometry(feat. GetGeometryRef(). Clone())
        out_layer. SyncToDisk()
        _out_feat. SetField(specifiedFieldName, shapefile_name)
        out_layer. CreateFeature(_out_feat)
out_ds. Destroy()
```

（3）矢量数据几何图形融合

　　某矢量数据 vector. shp 其几何图形中存在空间重叠的部分，现在的
需求是把空间重叠的几何图形合并为 1 个几何图形，仅保留几何图形不

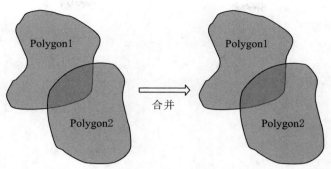

两个矢量文件Polygon1和Polygon2　　　　1个矢量文件，2个几何图形

图 2.15   矢量数据几何图形的合并示意图

重叠的边界（见图 2.16）。对 vector. shp 中所有空间重叠的几何图形进行如此操作，生成融合后的矢量数据 vector_dissolve. shp，具体代码如下：

```python
import os
from osgeo import ogr

# 定义1个用于获取矢量数据及其图层的函数
def createDS(ds_name, ds_format, geom_type, srs, overwrite=False):
    drv = ogr.GetDriverByName(ds_format)
    if os.path.exists(ds_name) and overwrite is True:
        drv.DeleteDataSource(ds_name)
    try:
        # 创建一个名为 ds_name 的新数据源并返回数据源对象.
        ds = drv.CreateDataSource(ds_name)
    except Exception as e:
        print('CreateDataSource Error:', e)
        raise ValueError(f'Error: Unable to create data source {ds_name}. ')
    finally:
        # 将文件路径中的后缀去掉,并取得文件名,用于设置图层名称
        lyr_name = os.path.splitext(os.path.basename(ds_name))[0]
        lyr = ds.CreateLayer(lyr_name, srs, geom_type)
        return ds, lyr


ds = ogr.Open('vector.shp')
```

```
lyr = ds. GetLayer()
out_ds, out_lyr = createDS('vector_dissolve. shp', ds. GetDriver(). GetName(),
                    lyr. GetGeomType(), lyr. GetSpatialRef(), overwrite=False)
# 输出图层的定义(包括字段、数据类型等)
defn = out_lyr. GetLayerDefn()
# 创建一个多边形形状对象用于合并要素
multi = ogr. Geometry(ogr. wkbMultiPolygon)
# 遍历输入图层中的所有要素,并添加到多边形对象 multi 中
for i, feat in enumerate(lyr):
    if feat. geometry():
        # this copies the first point to the end
        feat. geometry(). CloseRings()
        wkt = feat. geometry(). ExportToWkt()
        multi. AddGeometryDirectly(ogr. CreateGeometryFromWkt(wkt))
# 对多边形对象 multi 进行级联式合并
union = multi. UnionCascaded()
# 对每个单独的要素创建一个新特征
for geom in union:
    poly = ogr. CreateGeometryFromWkb(geom. ExportToWkb())
    feat = ogr. Feature(defn)
    feat. SetGeometry(poly)
    out_lyr. CreateFeature(feat)
out_ds. Destroy()
ds. Destroy()
```

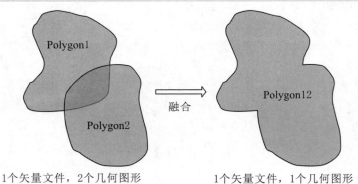

图 2.16　空间重叠的几何图形合并示意图

案例 11　矢量数据几何图形多部件拆分

　　矢量数据多部件拆分是将一个包含多个几何对象的复合几何体（如一个多边形图层中的多个多边形）拆分成多个单独的几何对象。拆分后，每个几何对象将作为一个新的要素进行处理，其属性与原先的复合几何体相同。假设现有 1 个多部件矢量文件 vector.shp，需要将其包含的多部件进行拆分，拆分后的结果有两种展现形式：①拆分后为多个矢量文件，即原矢量文件的每一个几何图形都重新生成 1 个矢量文件，各文件名依次为 vector_separate_1.shp、vector_separate_2.shp、vector_separate_3.shp、…；②拆分后仍是 1 个矢量文件，该矢量文件名为 vector_separate.shp，其包含多个几何图形（图斑）。

　　（1）拆分后为多个矢量文件

```
import os
from osgeo import ogr


name = os.path.basename('vector.shp').split('.')[0]
driver = ogr.GetDriverByName('ESRI Shapefile')
inds = ogr.Open('vector.shp', 0)
inlayer = inds.GetLayer()
spatial = inlayer.GetSpatialRef()


num_features = inlayer.GetFeatureCount()
if num_features <= 1:
    return
else:
    feature = inlayer.GetNextFeature()
    i = 0
    while feature:
        feat = inlayer.GetFeature(i)
        geom = feat.geometry()
        output_shpfile = 'vector_separate_' + str(i + 1) + '.shp'
```

```
        outds = driver. CreateDataSource(output_shpfile)
        outlayer = outds. CreateLayer(output_shpfile，spatial，geom_type＝
ogr. wkbPolygon)
        out_defn = outlayer. GetLayerDefn()
        out_feat = ogr. Feature(out_defn)
        out_feat. SetGeometry(geom)
        outlayer. CreateFeature(out_feat)
        outds. Destroy()
        i ＋= 1
        feature = inlayer. GetNextFeature()
inds. Destroy()
```

（2）拆分后为 1 个矢量文件

```
from osgeo import ogr

inds = ogr. Open('vector. shp'，0)
inlayer = inds. GetLayer()
spatial = inlayer. GetSpatialRef()

driver = ogr. GetDriverByName('ESRI Shapefile')
out_ds = driver. CreateDataSource('vector_separate. shp')
out_lyr = out_ds. CreateLayer(inlayer. GetName()，spatial)

# 添加属性表字段
out_lyr_defn = out_lyr. GetLayerDefn()
for i in range(inlayer. GetLayerDefn(). GetFieldCount())：
    field_defn = inlayer. GetLayerDefn(). GetFieldDefn(i)
    out_lyr. CreateField(field_defn)

# 遍历输入图层中的每个要素,拆分多部件几何体
for i, in_feat in enumerate(inlayer)：
    # 获取该要素的几何体
    single_polygon = in_feat. GetGeometryRef()
    # 判断要素是否为单个多边形
```

```
    if single_polygon. GetGeometryType() == ogr. wkbPolygon:
        feature_out = ogr. Feature(out_lyr_defn)
        feature_out. SetGeometry(single_polygon)
        feature_out. SetFrom(in_feat)
        out_lyr. CreateFeature(feature_out)
    else:
        # 如果多边形由多个子多边形组成,则遍历每个子多边形
        for j in range(single_polygon. GetGeometryCount()):
            # 创建一个新的特征对象,设置其几何体和属性值,并添加到输出图层中
            feature_out = ogr. Feature(out_lyr_defn)
            # 设置特征对象的几何体
            feature_out. SetGeometry(single_polygon. GetGeometryRef(j))
            # 复制要素的所有属性值到特征对象中
            feature_out. SetFrom(in_feat)
            # 将特征对象添加到输出图层中
            out_lyr. CreateFeature(feature_out)
out_ds. Destroy()
inds. Destroy()
```

案例 12　几何图形的简化与平滑

（1）几何图形的简化

几何图形的简化（simplify）是指在不改变基本几何形状的前提下，通过删除多余的拐点坐标而对面文件几何图形进行简化，如图 2.17 所示。假设某矢量文件 vector. shp 中几何图形需要进行简化，并生成简化后的矢量文件 vector_simplify. shp，可通过如下代码可实现上述目标：

```
import geopandas as gpd

# 使用 read_file 方法读取文件,并将其转换为 GeoDataFrame 对象
gdf = gpd. read_file(' vector. shp')
# 使用 simplify 方法进行简化操作
# 参数 2 用于控制简化结果的精度,该参数越大简化结果越不精确
```

51

```
# preserve_topology 为 True 时,简化过程中会尽量保留原始几何图形的拓扑结构
# 以确保简化后得到的几何图形与原始几何图形具有相同的形状
gdf['geometry'] = gdf['geometry'].apply(lambda x: x.simplify(2, preserve_topology=
True))
# 对经过简化后的 GeoDataFrame 进行文件输出操作,将结果写入到指定的输出文件中
gdf.to_file(vector_simplify.shp)
```

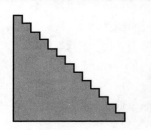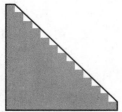

图 2.17　几何图形简化示意图

（2）几何图形的平滑

几何图形的平滑（smooth）较简化更为复杂，本书中提供了一种较为简单、便于理解的平滑方法，并非使用十分复杂的平滑算法处理。主要的思路是先将几何图形进行适当简化，然后对简化后的几何图形进行向外缓冲一定距离，然后再向内缓冲同样的距离，可近似得到一个平滑后的几何图形，如图 2.18 所示。假设某矢量文件 vector.shp 中几何图形需要进行平滑，通过修改关键参数生成平滑后的矢量文件 vector_smooth.shp，可通过如下代码可实现：

```
import geopandas as gpd

gdf = gpd.read_file('vector.shp')
for i, row in gdf.iterrows():
    # 对几何特征进行简化,更新到原有几何特征列中
    gdf.loc[i, 'geometry'] = row['geometry'].simplify(5, preserve_topology=True)
    gdf.loc[i, 'geometry'] = row['geometry'].buffer(1).buffer(-1)
gdf.to_file(outVector)
```

上述代码中的关键参数 5、1 和 −1 是用于控制平滑后的图形形状的，可通过修改调整参数值以得到较为理想的平滑结果。buffer（1）

表示几何图形向外缓冲 1 个单位距离，buffer（－1）表示几何图形向内缓冲 1 个单位距离。

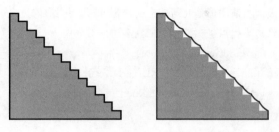

图 2.18　几何图形平滑示意图

案例 13　几何图形孔洞处理

矢量数据几何图形中孔洞（Hole）消除是地理空间数据处理中常见问题。现有某矢量数据 vector.shp，其几何图形包含多个孔洞（见图 2.19），如下代码可实现矢量数据几何图形中的孔洞消除，并将消除孔洞后的几何图形生成新的矢量数据 vector_new.shp，具体代码如下：

```
from osgeo import ogr

# 打开 vector.shp 矢量数据
ds = ogr.Open('vector.shp', update=False)
layer = ds.GetLayer()
# 创建新的矢量数据源，用于存储处理后结果
out_ds = ogr.GetDriverByName("ESRI Shapefile").CreateDataSource(vector_new.shp)
# 创建新的新的矢量数据图层
out_layer = out_ds.CreateLayer(vector_new.shp, input_lyr.GetSpatialRef(),
geom_type=ogr.wkbPolygon)
# 遍历输入图层中的每一个要素
for feat in layer:
    # 创建 1 个多边形对象，用于存储几何图形拐点坐标信息
    polygon = ogr.Geometry(ogr.wkbPolygon)
    # 遍历当前要素的每一个几何图形
```

```
for i, geom in enumerate(feat. GetGeometryRef()):
    if i == 0:
        # 表示当前图形是几何图形的外环,即几何图形的边界
        # 将边界拐点坐标信息添加到多边形对象中
        polygon . AddGeometry(geom)
    feature_defnition = out_layer. GetLayerDefn()
    feature = ogr. Feature(feature_defnition)
    feature. SetGeometry(polygon)
    out_layer. CreateFeature(feature)
    feature, polygon = None, None
ds, out_ds = None, None
```

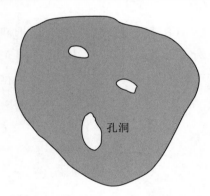

图 2.19　矢量文件中的孔洞

案例 14　矢量数据几何图形删除与消除

（1）几何图形的删除

在栅格数据转为矢量处理工作中，比如土壤侵蚀强度数据转为矢量面文件，转换后的矢量数据面文件中存在大量面积很小的几何图形（也就是常说的小图斑），对于几何图形面积小于某个数值时可以进行删除处理。对于矢量文件 vector. shp，它可能包含很多个面积较小的几何图形，该矢量文件包含一个字段名字为 Area，该字段保存的是矢量文件 vector. shp 每一个几何图形的面积，现在需要删除面积小于 5 的几何图形，可由如下代码实现这一工作目标：

54

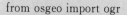

```
from osgeo import ogr

# 获取 ESRI Shapefile 驱动程序
driver = ogr. GetDriverByName(' ESRI Shapefile')
# 打开输入矢量文件并启用写入模式
ds = driver. Open(inputShapefile，1)
layer = ds. GetLayer()
# 设置图层过滤器
layer. SetAttributeFilter("{} < {}". format(' Area', 5))
fids_to_delete = []
# 遍历过滤后的图层中的每一个要素，并记录要删除的要素的 FID
for feature in layer：
    fids_to_delete. append(feature. GetFID())
# 重置过滤器
layer. ResetReading()
layer. SetAttributeFilter(None)
# 删除与过滤器匹配的所有要素
for fid in fids_to_delete：
    layer. DeleteFeature(fid)
# 压缩图层以获得更好的性能，REPACK SQL 命令重新组织 Shapefile 文件中的存储方式
str_sql = "REPACK {}". format(layer. GetName())
ds. ExecuteSQL(str_sql, None, "")
ds，layer = None, None
```

（2）几何图形的消除

上面的代码演示了矢量数据特定几何图形的删除操作，如果特定几何图形不是删除（Delete）而是消除（Eliminate），如特定几何图形与其相邻的几何图形进行合并而不是删除，应该如何操作？比如现有这样的需求，某个矢量数据 vector. shp 包含多个几何图形（图斑），需要将字段 Type 小于 5 的图斑合并到与其相邻或相交的 Type 字段值不小于 5 的图斑中；如果某个图斑 Type 字段值小于 5，但没有与其相邻或相交的大图斑，则这个图斑不进行操作；所有满足条件的小图斑操作完成后将新的几何图形写入到磁盘中，命名为 vector_eliminate. shp。下面分别使用 Geopandas 和 OGR 模块实现上述目标：

1）使用 Geopandas 模块

```python
import geopandas as gpd
import pandas as pd
from shapely.ops import unary_union
from shapely.geometry import MultiPolygon


# 读取矢量文件
gdf = gpd.read_file('vector.shp')
# 筛选 Type 小于和大于等于 5 的图斑
small_gdf = gdf[gdf['Type'] < 5]
big_gdf = gdf[gdf['Type'] >= 5]
# 定义一个 set 保存已经参与合并图斑的 index
merged_idx = set()
# 定义一个新的 GeoDataFrame 保存合并后的图斑
merged_gdf = gpd.GeoDataFrame()
# 遍历 Type 大于等于 5 和小于 5 的所有图斑,查找相邻或相交的情况并进行合并
for idx_big, row_big in big_gdf.iterrows():
    big_geo = row_big.geometry
    for idx_small, row_small in small_gdf.iterrows():
        small_geo = row_small.geometry
        if big_geo.intersects(small_geo) or big_geo.touches(small_geo):
            # 将参与合并的大小图斑 idx 编码保存到 merged_idx 中
            if idx_big not in merged_idx:
                merged_idx.add(idx_big)
            if idx_small not in merged_idx:
                merged_idx.add(idx_small)
            # 合并相邻或相交的小于 5 的图斑
            small_geo = small_geo.buffer(0)
            merged_geo = big_geo.union(small_geo)
            # 把 union 合并的几何图形添加到 merged_gdf 中
            merged_gdf = merged_gdf.append({'geometry': merged_geo},
                                          ignore_index=True)
# 基于 merged_idx,查找没有参与合并的图斑编号
# 并将这些图斑的几何图形添加到 merged_gdf 中
```

```
for idx, row in gdf. iterrows():
    if idx not in merged_idx:
        merged_gdf = merged_gdf. append(row)
# 将结果保存为新的矢量文件
merged_gdf. crs = gdf. crs
merged_gdf = gpd. GeoDataFrame(merged_gdf, geometry='geometry', crs=gdf. crs)
merged_gdf. to_file('vector_eliminate. shp', driver='ESRI Shapefile')
```

2）使用 OGR 模块

```
from osgeo import ogr

# 读取矢量文件
driver = ogr. GetDriverByName('ESRI Shapefile')
ds = driver. Open('vector. shp', 0)
layer = ds. GetLayer()
# 筛选 Type 小于和大于等于 5 的图斑
small_ds = ogr. Geometry(ogr. wkbMultiPolygon)
big_ds = ogr. Geometry(ogr. wkbMultiPolygon)
for feature in layer:
    geom = feature. GetGeometryRef()
    if feature. GetField('Type') < 5:
        small_ds. AddGeometry(geom. Clone())
    else:
        big_ds. AddGeometry(geom. Clone())
# 定义一个 set 保存已经参与合并图斑的 index
merged_idx = set()
# 定义一个新的 Geometry 集合保存合并后的图斑
merged_ds = ogr. Geometry(ogr. wkbMultiPolygon)
# 遍历 Type 大于等于 5 和小于 5 的所有图斑,查找相邻或相交的情况,并进行合并
for big_idx in range(big_ds. GetGeometryCount()):
    big_geo = big_ds. GetGeometryRef(big_idx)
    for small_idx in range(small_ds. GetGeometryCount()):
        small_geo = small_ds. GetGeometryRef(small_idx)
        if big_geo. Intersects(small_geo) or big_geo. Touches(small_geo):
```

```
            ＃ 将参与合并的大小图斑 idx 编码保存到 merged_idx 中
            if big_idx not in merged_idx：
                merged_idx. add(big_idx)
            if small_idx not in merged_idx：
                merged_idx. add(small_idx)
            ＃ 合并相邻或相交的小于 5 的图斑
            small_geo = small_geo. Buffer(0)
            merged_geo = big_geo. Union(small_geo)
            ＃ 把 union 合并的几何图形添加到 merged_ds 中
            merged_ds. AddGeometry(merged_geo. Clone())
＃ 重置指针
layer. ResetReading()
＃ 基于 merged_idx，查找没有参与合并的图斑编号，并将这些图斑的几何图形添加到 mer-
ged_ds 中
idx = 0
while idx < layer. GetFeatureCount()：
    feature = layer. GetNextFeature()
    if idx not in merged_idx：
        geom = feature. GetGeometryRef()
        merged_ds. AddGeometry(geom. Clone())
    idx += 1
＃ 将结果保存为新的矢量文件
out_driver = ogr. GetDriverByName('ESRI Shapefile')
out_ds = out_driver. CreateDataSource('vector_eliminate. shp')
out_layer = out_ds. CreateLayer('eliminate_new', srs=layer. GetSpatialRef(),
                                geom_type=ogr. wkbMultiPolygon)
out_layer_defn = out_layer. GetLayerDefn()
for i in range(merged_ds. GetGeometryCount())：
    geom = merged_ds. GetGeometryRef(i)
    out_feature = ogr. Feature(out_layer_defn)
    out_feature. SetGeometry(geom)
    out_layer. CreateFeature(out_feature)
out_ds. Destroy()
ds. Destroy()
```

案例 15　要素包络矩形转面

现在有一个矢量文件 vector. shp，它包含多个几何图形（图斑），每个图斑均为不规则几何图形，想通过要素包络矩形转面的方式生成每个几何图形的包络矩形，并保存为新的矢量文件 vector_new. shp，可由下面代码实现：

```python
from osgeo import ogr
from shapely. geometry import Polygon

# 打开数据源
in_ds = ogr. Open('vector. shp')
in_lyr = in_ds. GetLayer()

# 创建输出数据源
out_driver = ogr. GetDriverByName("ESRI Shapefile")
out_ds = out_driver. CreateDataSource(out_file)

# 创建输出图层
out_lyr = out_ds. CreateLayer('vector_new. shp', in_lyr. GetSpatialRef(), ogr. wkbPolygon)

# 添加字段
id_field = ogr. FieldDefn("ID", ogr. OFTInteger)
out_lyr. CreateField(id_field)
geom_field = ogr. FieldDefn("GEOM", ogr. OFTString)
out_lyr. CreateField(geom_field)

# 枚举输入图层的要素
id = 0
for in_feat in in_lyr：
    # 获取多边形缓冲区
    geom = in_feat. geometry()
    bbox = geom. GetEnvelope()
```

```
bbox_poly = Polygon([(bbox[0], bbox[2]), (bbox[1], bbox[2]),
                     (bbox[1], bbox[3]), (bbox[0], bbox[3])])
# 创建新要素
out_feat = ogr.Feature(out_lyr.GetLayerDefn())
out_feat.SetField("ID", id)
out_feat.SetField("GEOM", bbox_poly.wkt)
out_feat.SetGeometry(ogr.CreateGeometryFromWkt(bbox_poly.wkt))
# 写入输出图层
out_lyr.CreateFeature(out_feat)
# 释放要素
out_feat = None
in_feat = None
id += 1

# 关闭数据源
out_ds = None
in_ds = None
```

案例 16　两个面矢量文件交并差补操作

两个面矢量数据几何图形的交集、并集、差集或补集的空间运算是地理空间数据处理常见的问题。现假设有两个矢量数据 vector_1.shp 和 vector_2.shp，且这两个矢量数据均只包含 1 个几何图形，下面的代码以计算面积为例演示了两个矢量数据交并差补集合的操作。为了读者进一步理解 Geopandas、OGR 和 Fiona 模块，本案例分别使用这三个模块实现上述目标，具体代码如下：

（1）使用 Geopandas 模块

```
import geopandas as gpd

# 读取第一个 polygon 文件
polygon1 = gpd.read_file('vector_1.shp')
# 读取第二个 polygon 文件
```

```
polygon2 = gpd. read_file('vector_2. shp')

# 计算交集面积
intersection_area = polygon1. intersection(polygon2). area[0]
# 计算并集面积
union_area = polygon1. union(polygon2). area[0]
# 计算差集面积
difference_area = polygon1. difference(polygon2). area[0]
# 计算补集面积
symmetric_difference_area = polygon1. symmetric_difference(polygon2). area[0]
```

（2）使用 OGR 模块

```
from osgeo import ogr

# 读取第一个 polygon 文件
polygon1 = ogr. Open('vector_1. shp')
layer1 = polygon1. GetLayer()
# 读取第二个 polygon 文件
polygon2 = ogr. Open('vector_2. shp')
layer2 = polygon2. GetLayer()
# 获取第一个 polygon 的 geometry
feature1 = layer1. GetNextFeature()
geometry1 = feature1. GetGeometryRef()
# 获取第二个 polygon 的 geometry
feature2 = layer2. GetNextFeature()
geometry2 = feature2. GetGeometryRef()
# 计算交集面积
intersection_area = geometry1. Intersection(geometry2). GetArea()
# 计算并集面积
union_area = geometry1. Union(geometry2). GetArea()
# 计算差集面积
difference_area = geometry1. Difference(geometry2). GetArea()
# 计算补集面积
```

```
symmetric_difference_area = geometry1. SymmetricDifference(geometry2). GetArea()
# 释放资源
polygon1 = None
polygon2 = None
```

（3）使用 Fiona 模块

```
import fiona
from shapely. geometry import shape

# 读取第一个 polygon 文件
with fiona. open('vector_1. shp', 'r') as src:
    polygon1 = shape(src[0]['geometry'])
# 读取第二个 polygon 文件
with fiona. open('vector_2. shp', 'r') as src:
    polygon2 = shape(src[0]['geometry'])
# 计算交集面积
intersection_area = polygon1. intersection(polygon2). area
# 计算并集面积
union_area = polygon1. union(polygon2). area
# 计算差集面积
difference_area = polygon1. difference(polygon2). area
# 计算补集面积
symmetric_difference_area = polygon1. symmetric_difference(polygon2). area
```

案例 17 Shapefile、KML、GeoJSON 等数据格式转换

不同格式矢量数据的转换也是地理空间数据处理中常见的问题。下面的代码演示了 Shapefile、KML、GeoJSON 三种矢量数据格式转换。

（1）Shapefile 转 KML

假设某矢量数据 vector. shp 转换为 vector. kml，代码如下：

```
from osgeo import ogr

# 获取 Shapefile 文件驱动器
```

```
in_driver = ogr.GetDriverByName('ESRI Shapefile')
in_ds = in_driver.Open('vector.shp')
in_layer = in_ds.GetLayer()
# 获取 KML 文件驱动器
out_driver = ogr.GetDriverByName('KML')
out_ds = out_driver.CreateDataSource('vector.kml')
out_layer = out_ds.CreateLayer('layer')
for in_feature in in_layer:
    out_feature = ogr.Feature(out_layer.GetLayerDefn())
    out_feature.SetGeometry(in_feature.GetGeometryRef())
    out_layer.CreateFeature(out_feature)
in_ds = None
out_ds = None
```

（2）Shapefile 转 GeoJSON

假设某矢量数据 vector.shp 转换为 vector.json，代码如下：

```
from osgeo import ogr

in_driver = ogr.GetDriverByName('ESRI Shapefile')
in_ds = in_driver.Open('vector.shp')
in_layer = in_ds.GetLayer()
# 获取 GeoJSON 文件驱动器
out_driver = ogr.GetDriverByName('GeoJSON')
out_ds = out_driver.CreateDataSource('vector.json')
out_layer = out_ds.CreateLayer('layer')
for in_feature in in_layer:
    out_feature = ogr.Feature(out_layer.GetLayerDefn())
    out_feature.SetGeometry(in_feature.GetGeometryRef())
    out_layer.CreateFeature(out_feature)
in_ds = None
out_ds = None
```

其余矢量数据格式转换（KML 转 Shapefile、KML 转 GeoJSON、GeoJSON 转 Shapefile、GeoJSON 转 KML）与上述代码基本相同，仅需要更改输入矢量数据和转换后输出矢量数据的驱动器对象即可。

第3章 栅格数据处理

栅格数据是由一系列像素组成的二维、三维或更高维度矩阵，每个像素代表着与其对应位置的空间数据信息。栅格数据通常是在一定分辨率下对地球表面或近地表的采样，分辨率决定了数据精度与大小。每个像素通常由其位置（经度/纬度/高程）、数据类型（如整型、浮点型、布尔型等）和某一属性数值组成。栅格数据的空间分辨率越高，像素的数量也会相应增加，因此需要存储和处理的数据量也会变得更大。数字高程模型、遥感影像、风速、温度、卫星云图等均是常说的栅格数据。栅格数据的像素通常是均匀分布的，每个像素与其相邻的像素之间具有相等的空间距离，且各像素在空间上位置是明确的。此外，栅格数据数值是离散而非连续的，每个像素数值仅表征了该空间位置点上的某种属性。

案例 18 栅格数据的打开与读取

栅格数据的打开与读取常用 gdal 和 rasterio 模块，下面以这两个模块为例打开并读取栅格数据 raster. tif，该三个数据有 3 波段。

（1）使用 gdal 模块打开栅格数据

```python
from osgeo import gdal

# 打开栅格数据
ds = gdal. Open(' raster. tif')
# 获取栅格数据行列号
width = ds. RasterXSize
height = ds. RasterYSize
# 获取栅格数据波段数
band_number = ds. RasterCount
```

```
# 获取栅格数据坐标信息
projection = ds.GetProjection()
# 获取栅格数据四至角点坐标
geotransform = ds.GetGeoTransform()
minx = geotransform[0]
miny = geotransform[3] + (height * geotransform[5])
maxx = geotransform[0] + (width * geotransform[1])
maxy = geotransform[3]
# 获取栅格数据分辨率
pixel_width = geotransform[1]
pixel_height = -geotransform[5]
# 从第 1 个波段获取栅格数据背景值
backGround_value = ds.GetRasterBand(1).GetNoDataValue()
# 获取栅格数据第 1、2、3 波段数据
array_1 = ds.GetRasterBand(1).ReadAsArray()
array_2 = ds.GetRasterBand(2).ReadAsArray()
array_3 = ds.GetRasterBand(3).ReadAsArray()
ds = None
```

Tips：ReadAsArray（）

■ ReadAsArray（xoff，yoff，xsize，ysize）是 GDAL 库中 Raster-Band 类的一个方法，用于读取栅格数据到一个 numpy 数组中。

参数含义如下：

xoff：读取栅格数据的起始列索引，从左上角开始计算；

yoff：读取栅格数据的起始行索引，从左上角开始计算；

xsize：读取的栅格数据的列数；

ysize：读取的栅格数据的行数。

ReadAsArray 可以与 numpy 联合使用确定读取数据的类型。

如 array_1 = ds.GetRasterBand（1）.ReadAsArray（）.astype（numpy.float32），读取波段 1 像数据，并将数据类型转换为 float32 类型。

（2）使用 rasterio 模块打开栅格数据

```
import rasterio

with rasterio. open(' raster. tif') as src：
    ♯ 获取栅格数据行列号
    width ＝ src. width
    height ＝ src. height
    ♯ 获取栅格数据波段数和坐标信息
    band_number ＝ src. count
    projection ＝ src. crs. to_string()
    transform ＝ src. transform
    ♯ 计算四至角点坐标
    minx, miny ＝ transform ＊（0, 0）
    maxx, maxy ＝ transform ＊（width, height）
    ♯ 获取分辨率
    pixel_width, pixel_height ＝ transform. a, －transform. e
    ♯ 获取数据类型
    dtype ＝ src. dtypes[0]
    ♯ 获取背景值
    backGround_value ＝ src. nodata
    ♯ 获取栅格数据第 1、2、3 波段数据
    array_1 ＝ src. read(1)
    array_2 ＝ src. read(2)
    array_3 ＝ src. read(3)
```

除 gdal 和 rasterio 模块外，PIL、scikit-image、OpenCV 等也可以打开和读取栅格数据。

案例 19　栅格数据创建、赋值与保存

分别使用 gdal 和 rasterio 模块演示如何创建一个栅格数据，并对栅格数据赋值，然后保存到计算机硬盘中。假设需要创建的栅格数据行列数为 100×252，波段数有 2 个，其中第 1 个波段像元值全部为 1、第 2 个波段像元值全部为 2，保存到计算机硬盘中栅格数据文件名为

raster. tif。

（1）使用 gdal 模块

```
import numpy as np
from osgeo import gdal

# 使用 numpy 创建栅格数据
cols, rows = 100, 252
bands = 2
data = np. zeros((bands, rows, cols), dtype=np. float32)
# 第 1 波段赋值为 1
data[0] = 1.0
# 第 2 波段赋值为 2
data[1] = 2.0
# 保存数据
driver = gdal. GetDriverByName('GTiff')
out_tif = driver. Create(' raster. tif', cols, rows, bands, gdal. GDT_Float32)
# 依次对第 1、2 波段写入数据
out_tif. GetRasterBand(1). WriteArray(data[0])
out_tif. GetRasterBand(2). WriteArray(data[1])
# 将数据缓冲中的内容写入到磁盘中
out_tif. FlushCache()
```

（2）使用 rasterio 模块

```
import rasterio

# 创建数据
cols, rows = 100, 252
bands = 2
data = np. zeros((bands, rows, cols), dtype=np. float32)
data[0] = 1.0
data[1] = 2.0
# 保存数据
profile = {' driver': 'GTiff',
          ' width': cols,
```

```
        'height': rows,
        'count': bands,
        'dtype': rasterio. float32,}
with rasterio. open(' raster. tif', 'w', * * profile) as dst:
    for i in range(bands):
        dst. write(data[i], i+1)
```

案例 20　大栅格数据分块读写

当栅格数据很大时（如十几或几十 GB）时，如果一次性将数据读取，轻者导致占用内存过多而降低代码运行效率，重者则可能导致内存溢出。下面代码演示了某个大型栅格数据（raster. tif）的分块读取，完成中间操作，再分块写入到磁盘，生成新的栅格数据（raster_new. tif）。

```
import numpy as np
from osgeo import gdal

# 打开原始数据集
ds = gdal. Open(' raster. tif', gdal. gdalconst. GA_ReadOnly)
# 这里定义分块读取大小为 256,需要根据硬件计算资源确定
blockSize = 256
cols = ds. RasterXSize
rows = ds. RasterYSize
bands = ds. RasterCount
dtype = ds. GetRasterBand(1). DataType
# 创建新的数据集
driver = gdal. GetDriverByName('GTiff')
dst = driver. Create(' raster_new. tif', cols, rows, bands, dtype)
# 分块读取、处理和写入数据
for yoff in range(0, rows, blockSize):
    if yoff + blockSize < rows:
        rowsThisTime = blockSize
    else:
```

```
        rowsThisTime = rows − yoff
    for xoff in range(0, cols, blockSize):
        if xoff + blockSize < cols:
            colsThisTime = blockSize
        else:
            colsThisTime = cols − xoff
        # 读取数据块
        data = np.zeros((bands, rowsThisTime, colsThisTime), dtype=dtype)
        for i in range(bands):
            band = ds.GetRasterBand(i+1)
            data[i] = band.ReadAsArray(xoff, yoff, colsThisTime, rowsThisTime)
        # 处理数据块,这里假设将所有像元值乘以 2
        data[i] = data[i] * 2
        # 将处理后的数据块写入到新数据集中
        for i in range(bands):
            band = dst.GetRasterBand(i+1)
            band.WriteArray(data[i], xoff, yoff)
        dst.FlushCache()
# 关闭数据集
ds = None
dst = None
```

对于上面的代码仍存在内存溢出的风险,因为 gdal.Open 意味着整个数据集会被一次性读取到内存中,并将其作为一个数据集对象 ds 进行操作。如果数据集非常大,如超过内存空间,可能会引发内存错误或导致程序崩溃。可以考虑使用 rasterio 模块采用上下文管理方式获取数据。

现有某超高分辨率三波段栅格数据 raster.tif,现在需要读取数据并将第一波段值的两倍减去第二波段再减去第三波段,计算结果写入到新的栅格数据中,新栅格数据名称为 raster_new.tif,可由如下代码实现:

```
import rasterio
import rasterio.windows
# 定义分块读取的块大小
```

```python
block_size = 256

with rasterio. open(input_path) as src:
        profile = src. profile

        # 创建新的栅格数据集,并更新波段数和数据类型
        profile. update(count=1)
        profile. update(dtype='float32')

        with rasterio. open(output_path, 'w', * * profile) as dst:
            # 获取栅格数据集的宽度和高度
            width = src. width
            height = src. height

            # 计算每个块在 x 和 y 方向上的数量
            num_x_blocks = math. ceil(width / block_size)
            num_y_blocks = math. ceil(height / block_size)

            for x in range(num_x_blocks):
                for y in range(num_y_blocks):
                    # 计算当前块的窗口范围
                    xmin = x * block_size
                    ymin = y * block_size
                    xmax = min(xmin + block_size, width)
                    ymax = min(ymin + block_size, height)
                    window = rasterio. windows. Window (xmin, ymin,
                                                      xmax-xmin,
                                                      ymax-ymin)

                    # 读取当前块的数据
                    data = src. read (window=window,
                                  indexes=(1, 2, 3)). astype(float)

                    # 计算新的像元值
                    new_data = 2.0 * data[0] - data[1] - data[2]
```

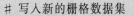

```
# 写入新的栅格数据集
dst. write(new_data, window＝window, indexes＝1)
```

with rasterio. open （' raster. tif '） as dataset 不是一次读取整个数据集至内存，而是以延迟加载（Lazy Loading）的方式打开栅格文件，在处理超大型数据集时节省内存，允许以逐块（Block-By-Block）的方式进行分块读取和处理，同时确保在使用完栅格数据集后正确地关闭文件，避免内存溢出和其他潜在风险。

案例 21　栅格数据经纬度与行列号转换

下面的代码演示了栅格数据经纬度坐标、投影坐标与栅格数据行列号转换。

（1）经纬度坐标值转为投影坐标值

已知栅格数据 raster_projection. tif，其为 Albers_Conic_Equal_Area 投影坐标系（中央经线 105°），现拟将投影坐标值 $x＝124160.6387$、$y＝2813253.9347$ 转为经纬度坐标值，可由如下代码完成：

```
from osgeo import gdal, osr

x, y = 124160. 6387, 2813253. 9347
ds = gdal. Open(' raster_projection. tif')
# 创建一个用于储存数据集的投影参考系的对象
prosrs = osr. SpatialReference()
# 从数据集 ds 获取投影信息,并设置为储存数据集投影信息的参考系对象 prosrs
prosrs. ImportFromWkt(ds. GetProjection())
# 创建一个新的、基于投影参考系的、地理坐标系的参考系对象 geosrs
geosrs = prosrs. CloneGeogCS()
# 构建一个将从投影坐标系(prosrs)转换为地理坐标系(geosrs)的坐标转换对象 ct
ct = osr. CoordinateTransformation(prosrs, geosrs)
# 使用坐标转换对象 ct 将坐标值(x, y)从投影坐标系(prosrs)转换为地理坐标系(geosrs)
# TransformPoint()函数返回转换后的点坐标
```

```
#使用[:2]来选择前两个转换后的坐标(忽略了第三个返回值,即高度值)。
coords = ct. TransformPoint(x, y)[:2]
ds = None

print(coords) >>>>:(106. 2548054589507, 26. 787168408841204)
```

（2）投影坐标值转为经纬度坐标值

同样已知栅格数据 raster_projection. tif，现拟将地理坐标系 $x=106.2548054589507$，$y=26.787168408841204$ 转换为投影坐标系，代码如下：

```
from osgeo import gdal, osr

x, y = 106. 2548054589507, 26. 787168408841204
ds = gdal. Open(' raster_projection. tif ')
prosrs = osr. SpatialReference()
prosrs. ImportFromWkt(ds. GetProjection())
geosrs = prosrs. CloneGeogCS()
ct = osr. CoordinateTransformation(geosrs, prosrs)
coords = ct. TransformPoint(x, y)[:2]
ds = None

print(coords) >>>>:(124160. 6387000012, 2813253. 934699998)
```

（3）经纬度或投影坐标值转为栅格数据行列号

同样已知栅格数据 raster_projection. tif，拟将投影坐标值 $x=124160.6387$、$y=2813253.9347$ 转为栅格数据和行列号，可由如下代码实现：

```
import numpy as np
from osgeo import gdal, osr
from math import ceil

x, y = 124160. 6387, 2813253. 9347
ds= gdal. Open(raster)
# 获取数据集的地理变换信息(trans为地理变换参数)
```

```
trans = ds.GetGeoTransform()
# 将地理变换信息放入 2 * 2 的数组 a 中
a = np.array([[trans[1], trans[2]], [trans[4], trans[5]]])
# 将待转换的坐标值减去原点坐标, 放入由 2 * 1 的数组 b 中
b = np.array([x - trans[0], y - trans[3]])
# 使用 linalg.solve 函数, 求解二元一次方程
# 此处的二元一次方程表示为 ax = b, 其中 a, x, b 均为二维数组
# 返回求解后的二元一次方程的解, 即为转换后的像素值(px, py)
px, py = np.linalg.solve(a, b)
ds = None
# 对转换的像素值进行向上取整, 得到最终的像素坐标
px, py = ceil(px), ceil(py)

print(px, py) >>>>:222 252
```

（4）栅格数据行列号转为经纬度或投影坐标值

同样已知栅格数据 raster_projection.tif，拟将栅格数据行列号 col＝222，row＝252 转为投影坐标值，可由如下代码实现：

```
from osgeo import gdal, osr

col, row = 222, 252
ds = gdal.Open(rasterF)
trans = ds.GetGeoTransform()
px = trans[0] + col * trans[1] + row * trans[2]
py = trans[3] + col * trans[4] + row * trans[5]
ds = None

print(col, row) >>>>:124170.63869999794 2813253.9346999973
```

案例 22　栅格数据坐标系获取与变换

栅格数据坐标信息获取与变换是地理空间数据处理中常用需求，下面分别以 gdal 和 rasterio 模块演示栅格数据坐标信息获取与坐标系

变换。现有某栅格数据 raster. tif，其地理坐标系为 GCS_China_Geo-detic_Coordinate_System_2000，投影坐标系为 Albers_Conic_Equal_Area，中央经线为 105°。

（1）坐标系信息获取

1）使用 GDAL 模块

```
from osgeo import gdal

# 打开文件
ds = gdal. Open(' raster. tif')
# 获取数据集对象的投影信息，返回值 WKT 为一个投影的 WKT 字符串
# 包含了投影的信息，如水平坐标系、垂直坐标系、投影方法、椭球体、投影中心等
wkt = ds. GetProjection()
# 将投影的 WKT 字符串转化为一个空间参考的对象
# 方便处理各种不同空间参考信息和转换
sr = osr. SpatialReference(wkt)
# 获取空间参考对象的属性值，下面是获取 EPSG 代号
epsg = sr. GetAttrValue(' AUTHORITY',1)


print(wkt)>>>>:
PROJCS["Albers_Conic_Equal_Area",GEOGCS["GCS_China_Geodetic_Coordinate_System_
2000",DATUM["China_2000",SPHEROID["CGCS2000",6378137,298.257222101]],
PRIMEM["Greenwich",0],UNIT["degree",0.0174532925199433,AUTHORITY
["EPSG","9122"]]],PROJECTION["Albers_Conic_Equal_Area"],PARAMETER["latitude_
of_center",0],PARAMETER["longitude_of_center",105],PARAMETER["standard_paral-
lel_1",25],PARAMETER["standard_parallel_2",47],PARAMETER["false_easting",0],
PARAMETER["false_northing",0],UNIT["metre",1,AUTHORITY["EPSG","9001"]],
AXIS["Easting",EAST],AXIS["Northing",NORTH]]
print(sr) >>>>:
PROJCS["Albers_Conic_Equal_Area",
    GEOGCS["China Geodetic Coordinate System 2000",
        DATUM["China_2000",
            SPHEROID["CGCS2000",6378137,298.257222101]],
        PRIMEM["Greenwich",0],
```

```
        UNIT["degree",0.0174532925199433,
            AUTHORITY["EPSG","9122"]]],
    PROJECTION["Albers_Conic_Equal_Area"],
    PARAMETER["latitude_of_center",0],
    PARAMETER["longitude_of_center",105],
    PARAMETER["standard_parallel_1",25],
    PARAMETER["standard_parallel_2",47],
    PARAMETER["false_easting",0],
    PARAMETER["false_northing",0],
    UNIT["metre",1,
        AUTHORITY["EPSG","9001"]],
    AXIS["Easting",EAST],
    AXIS["Northing",NORTH]]
print(epsg)>>>>:
9122
```

2）使用 rasterio 模块

```
import rasterio

ds = rasterio.open('raster.tif')
coord_sys_infor = ds.crs
print(coord_sys_infor)>>>>:
PROJCS["Albers_Conic_Equal_Area",GEOGCS["China Geodetic Coordinate System 2000",
DATUM["China_2000",SPHEROID["CGCS2000",6378137,298.257222101],AUTHORI-
TY["EPSG","1043"]],PRIMEM["Greenwich",0],UNIT["degree",0.0174532925199433,
AUTHORITY["EPSG","9122"]]],PROJECTION["Albers_Conic_Equal_Area"],PA-
RAMETER["latitude_of_center",0],PARAMETER["longitude_of_center",105],PARAM-
ETER["standard_parallel_1",25],PARAMETER["standard_parallel_2",47],
PARAMETER["false_easting",0],PARAMETER["false_northing",0],UNIT["metre",1,
AUTHORITY["EPSG","9001"]],AXIS["Easting",EAST],AXIS["Northing",NORTH]]
```

（2）坐标系变换

假设现在需要将上述栅格数据 raster.tif 坐标系变换为与已知矢量数据 vector.shp 坐标系相同，坐标系变换后生成新的栅格数据名字为 raster_change_coord.tif，可由如下代码完成：

```
form osgeo gdal，ogr

vector_ds = ogr. Open(' vector. shp')
vector_lyr = vector_ds. GetLayer()
# 获取矢量数据图层空间参考信息
vector_epsg = vector_lyr. GetSpatialRef(). GetAttrValue(' AUTHORITY', 1)
# 定义新投影
proj = osr. SpatialReference()
# 从 epsg 编码导入新投影
proj. ImportFromEPSG(int(vector_epsg))
# 转换为 WKT 格式的新投影
newProjection = proj. ExportToWkt()
# 投影/坐标系变换
gdal. Warp(' raster. tif', ' raster_change_coord. tif', dstSRS=newProjection)
```

案例 23　栅格数据数学运算

　　多个栅格数据间的空间数学运算并生成新的栅格数据也是地理空间数据处理的经常性操作。以两个栅格数据的空间乘积为例演示多栅格数据间的空间数学运算。假设现有 1 个栅格数据为土壤侵蚀强度等级（erosion_raster. tif），1 个栅格数据为土地利用类型（landType_raster. tif），现在通过这两个栅格数的空间乘积运算，得到新的栅格数据 erosion_landType_raster. tif，新栅格数据的每一个像元既包含土壤侵蚀强度等级信息又包含土地利用类型信息。具体代码如下：

```
import rasterio as rio

with rio. open(' erosion_raster. tif') as src1，rio. open(' landType_raster. tif') as src2：
    # 读取栅格数据的元数据
    meta = src1. meta. copy()
    meta. update(count=src1. count, dtype=rio. int16)
    # 循环读取所有波段的数组
    data1，data2 = [ ]，[ ]
```

```
for i in range(src1. count):
    data1. append(src1. read(i + 1))
    data2. append(src2. read(i + 1))
# 对数组进行所需的运算
data3 = []
for i in range(src1. count):
    data3. append(data1[i] * data2[i])
# 写入新栅格数据
with rio. open('erosion_landType_raster. tif', 'w', * * meta) as dst:
    for i in range(dst. count):
        dst. write(data3[i], i + 1)
```

多个栅格数据中的加、减、除等数学运算的代码与上述总体相似，需根据实际工作需求修改代码。

案例 24　栅格数据条件运算

栅格数据条件运算包括单个栅格数据的条件运算，也包括多个栅格数据间的条件运算，同时也需要考虑栅格数据像元值是离散型还是连续性数据类型。下面代码演示了几种较为常用的栅格数据的条件运算，这里给出的代码也可以用于栅格数据的重分类。

（1）离散型栅格数据条件运算

假设现有某土地利用类型栅格数据 landType_raster. tif，假设它的像元值有 11、12、13、21、22、23、31、32、33，现在想导出像元值为 11 和 32 的像元，其余像元赋值为空，将导出的数据写入到磁盘，文件名为 landType_raster_11_32. tif，可由如下代码完成：

```
from osgeo import gdal

# 确定栅格数据运算条件
myCondition = lambda arr: (arr == 11) | (arr == 32)
# 打开栅格数据
ds = gdal. Open('landType_raster. tif')
bandNum = ds. RasterCount
```

```
input_rst = gdal. Open(in_raster)
geo_t = input_rst. GetGeoTransform()
proj = input_rst. GetProjection()
row = input_rst. RasterYSize
col = input_rst. RasterXSize
output_rst = gdal. GetDriverByName('GTiff'). Create('landType_raster_11_32. tif', col,
                                        row, 1, gdal. GDT_Byte)
output_rst. SetGeoTransform(geo_t)
output_rst. SetProjection(proj)
band = input_rst. GetRasterBand(1)
input_array = band. ReadAsArray()
band_new = output_rst. GetRasterBand(1)
output_array = myCondition (input_array)
band_new. WriteArray(output_array. astype('B'))
band_new. SetNoDataValue(255)
output_rst. FlushCache()
```

如果想导出像元值不等于 11 的所有像元，则条件函数应该为：

```
myCondition = lambda arr: (arr ! = 1);
```

如果想导出像元值不等于 21 且像元值不等于 41 的所有像元，则条件函数应该为：

```
myCondition = lambda arr: ~( (arr == 21) & (arr == 41))
```

（2）连续型栅格数据条件运算

对于像元值连续的土壤侵蚀模数栅格数据（erosionModulus. tif），现需要导出土壤侵蚀强度为轻度及以下的像元值（像元值≤2500），并生成新的栅格数据（erosionModulus_lessThan2500. tif），可由如下代码完成：

```
from osgeo import gdal

♯ 确定栅格数据运算条件
myCondition = lambda arr: (arr <=2500)
ds = gdal. Open('erosionModulus. tif')
```

```
bandNum = ds.RasterCount
input_rst = gdal.Open(in_raster)
geo_t = input_rst.GetGeoTransform()
proj = input_rst.GetProjection()
row = input_rst.RasterYSize
col = input_rst.RasterXSize
output_rst = gdal.GetDriverByName('GTiff').Create('erosionModulus_lessThan2500.tif',
                                    col, row, 1, gdal.GDT_Float32)
output_rst.SetGeoTransform(geo_t)
output_rst.SetProjection(proj)
band = input_rst.GetRasterBand(1)
input_array = band.ReadAsArray()
band_new = output_rst.GetRasterBand(1)
output_array = np.where(myCondition(input_array),
                        input_array, band.GetNoDataValue())
nodata = band.GetNoDataValue()
if nodata is not None：
    band_new.SetNoDataValue(nodata)
    output_array[input_array == nodata] = nodata
band_new.WriteArray(output_array.astype('float32'))
output_rst.FlushCache()
```

（3）两个栅格数据间条件运算

有两个连续型栅格数据：1 个为某区域土壤侵蚀模数栅格数据（erosionModulus.tif），1 个为相同区域人为水土流失土壤侵蚀模数栅格数据（manMade_erosionModulus.tif），拟从土壤侵蚀模数栅格数据中导出非人为水土流失区域的土壤侵蚀模数栅格数据，并生成新的栅格数据文件 erosionModulus_without_manMade.tif，如下代码可实现上述目标：

```
from osgeo import gdal

renWei_data = gdal.Open('manMade_erosionModulus.tif')
renWei_band = renWei_data.GetRasterBand(1)
```

```
renWei_arr = np. array(renWei_band. ReadAsArray())
geo_transform = renWei_data. GetGeoTransform()
proj = renWei_data. GetProjection()
modeulus_data = gdal. Open(' erosionModulus. tif')
modeulus_band = modeulus_data. GetRasterBand(1)
modeulus_arr = np. array(modeulus_band. ReadAsArray())
# 栅格运算条件
output_arr = np. where(renWei_arr == renWei_band. GetNoDataValue(),
                       modeulus_arr,
                       modeulus_band. GetNoDataValue())
driver = gdal. GetDriverByName('GTiff')
output_ds = driver. Create(' erosionModulus_without_manMade. tif',
                       modeulus_arr. shape[1],
                       modeulus_arr. shape[0],
                       1,
                       gdal. GDT_Float32)
output_ds. SetProjection(proj)
output_ds. SetGeoTransform(geo_transform)
output_band = output_ds. GetRasterBand(1)
output_band. WriteArray(output_arr)
output_band. SetNoDataValue(modeulus_band. GetNoDataValue())
```

上述离散型与连续型栅格数据条件运算，以及两个栅格数据间条件运算均以单个波段的栅格数据为例，实际上多波段栅格数据的条件运算与上面代码大体相同。

案例 25　栅格数据转矢量边界

栅格数据范围转矢量边界是地理空间数据处理中经常遇到的问题。本书的解决思路是先获取栅格数据非背景像元的边缘点的坐标值，然后根据栅格数据范围中心点（或质心坐标点），求边缘各点与中心点夹角（以笛卡尔坐标系正向 x 为 $0°$ 起始，最大为 $360°$），根据各边缘坐标点的夹角值从小到大进行排序，然后依次将各坐标点添加到面文件 polygon 中生成矢量边界数据。现有某栅格数据 raster. tif，需要获取它的矢量边界并生成新数据 vector_boundary. shp，具体代码如下：

```python
import pandas as pd
import numpy as np
from osgeo import gdal, ogr, osr

# 首先定义 1 个函数用于计算两个坐标点之间与水平正方向夹角值
def angle_with_x_axis(p1, p2):
    '''
    计算 p1 与 p2 所连成的线段与水平线 x 正方向的夹角
    '''
    dx = p2[0] - p1[0]
    dy = p2[1] - p1[1]
    theta = np.arctan2(dy, dx)
    return (np.degrees(theta) + 360) % 360


# 打开栅格数据获取其坐标系、像元值、背景值、行列号等
ds = gdal.Open('raster.tif')
wkt = ds.GetProjection()
sr = osr.SpatialReference(wkt)
cols, rows = ds.RasterXSize, ds.RasterYSize
trans = ds.GetGeoTransform()
band = ds.GetRasterBand(1)
bgValue = band.GetNoDataValue()
arr = band.ReadAsArray()
# 获取栅格数据的中心点或质心坐标 xc,yc
mask = ds.GetRasterBand(1).ReadAsArray()
# 计算每个像素左上角坐标和像素大小
start_x, start_y = trans[0], trans[3]
pixel_x, pixel_y = trans[1], trans[5]
# 枚举所有行列可用像素,计算中心点坐标
points = []
for i in range(rows):
    for j in range(cols):
        if mask[i,j]:
```

```
            # 判断该像素是否是掩膜有效部分(即非 NoData 值)
            x = start_x + j * pixel_x + pixel_x / 2
            y = start_y + i * pixel_y + pixel_y / 2
            points. append((x,y))
# 计算所有中心点坐标的均值,作为该栅格数据的中心点坐标
xc = np. mean([p[0] for p in points])
yc = np. mean([p[1] for p in points])


# 新建 1 个列表用于保存栅格数据非背景的边缘坐标 x,y 值
pointsList = []
# 循环查找满足条件的非背景的边缘坐标
# 同时计算其与水平正方向夹角值一并保存到列表中 x,y 值
for col in range(cols):
    for row in range(rows):
        value = band. ReadAsArray(col, row, 1, 1)[0][0]
        if value ! =bgv:
            # 行列号加减 1 个单位用于判断是否属于边缘像元
            x1, y1 = col - 1, row
            x2, y2 = col + 1, row
            x3, y3 = col, row - 1
            x4, y4 = col, row + 1
            # 判断行列号是否超边界
            if x1 < 0:
                x1 = 0
            if x2 > cols:
                x2 = cols
            if y3 < 0:
                y3 = 0
            if y4 > rows:
                y4 = rows
            # 计算行列号加减 1 个单位的像元值
            p1 = band. ReadAsArray(col - 1, row, 1, 1)[0][0]
            p2 = band. ReadAsArray(col - 1, row, 1, 1)[0][0]
            p3 = band. ReadAsArray(col, row - 1, 1, 1)[0][0]
```

```
            p4 = band. ReadAsArray(col, row + 1, 1, 1)[0][0]
        # 如果行列号加减 1 个单位的像元值为背景值
        # 那么说明这个像元刚好是边缘像元
        if p1 == bgv or p2 == bgv or p3 == bgv or p4 == bgv:
            px = trans[0] + col * trans[1] + row * trans[2]
            py = trans[3] + col * trans[4] + row * trans[5]
            if (px, py) not in pointsList:
                degree = angle_with_x_axis(p1=(xc, yc), p2=(px, py))
                pointsList. append((px, py, degree))
# 将 pointsList 保存到 dataframe 中，用于根据 degree 排序生成面文件
df = pd. DataFrame(pointsList, columns=['x', 'y', 'degree'])
# 根据 degree 对各坐标点进行排序生成排序后的 df
df_sorted = df. sort_values(by='degree')

# 创建一个矢量图层
driver = ogr. GetDriverByName('ESRI Shapefile')
shapefile = driver. CreateDataSource(vector)
layer = shapefile. CreateLayer('vector_boundary. shp', srs=sr, geom_type=
ogr. wkbPolygon)
# 添加属性字段
layer. CreateField(ogr. FieldDefn('id', ogr. OFTInteger))
# 将各坐标点 x,y 值添加到 polygon 中
polygon = ogr. Geometry(ogr. wkbPolygon)
ring = ogr. Geometry(ogr. wkbLinearRing)
for index, row in df_sorted. iterrows():
    x = row. iloc[0]
    y = row. iloc[1]
    ring. AddPoint(x, y)
ring. CloseRings()
polygon. AddGeometry(ring)
# 关闭数据源
ds, feature, shapefile = None, None, None
```

　　需要注意的是本例中生成的栅格数据的矢量边界与栅格数据严格意义的边界范围略有差异，这是因为获取边缘坐标点的方法不够精

确，这里仅提供了解决此类问题的一个思路，但在精度要求不高的情况下也可以满足要求。该方法虽然精度有限、代码量较大，但相对较为容易理解。本案例也可以使用 gdal.Polygonize 完成，该函数可将输入的二值掩模数组转换为一个矢量多边形数据集。具体用法如下：

```
Polygonize(Band srcBand, Band maskBand, Layer outLayer, int iPixValField, char * * op-
tions=None, GDALProgressFunc callback=0, void * callback_data=None) -> int
Polygonize(Band srcBand,
          Band maskBand,
          Layer outLayer,
          int iPixValField,
          char * * options=None,
          GDALProgressFunc callback=0,
          void * callback_data=None) -> int
```

各参数含义如下：

srcBand 是源波段，可以是 GDAL 波段对象或者一个 Numpy 数组，代表源栅格数据集中的波段数据。

maskBand 是掩膜波段，可选参数；用于筛选源波段中需要处理的像元数据，可以是 GDAL 波段对象也可以是一个 Numpy 数组，也可以是 None，即无掩膜波段。需要注意的是掩膜波段行列号需要与源波段一致。

outLayer 是输出矢量文件的 OGR 图层（Layer）对象，表示要保存多边形要素的矢量数据集。这是一个已经创建的矢量图层，可以通过 GDAL 的矢量驱动对象创建，如 ogr.GetDriverByName（'ESRI Shapefile'）。

iPixValField 是像素值字段索引（整型），表示在多边形要素属性表中表示像素值的字段索引。如果你不想在属性表中添加像素值字段，可以设置为-1。

options 是可选参数，一组以 NULL 结尾的字符串，用于配置转换过程。例如，通过设置"8CONNECTED"、"4CONNECTED"、"8_CONNECTED" 或"4_CONNECTED"来指定连接规则；通过设置"OPTIM"或"NO_OPTIM"来控制优化计算，默认为优化。

callback 是进度回调函数（可选参数），用于追踪数据处理进度。

callback_data 是回调数据（可选参数），是与进度回调函数关联的可选数据。可以是任何你想要传递给回调函数的自定义对象。

案例 26　栅格文件转矢量数据

栅格转矢量是地理空间数据处理中常见问题。假设某栅格数据 raster. tif 仅有 1 个波段，其像元值只有 0 和 1 两类。现在需要将像元值为 1 的像元转为矢量文件，转换后的矢量数据名称为 vector. shp，采用 rasterio 和 fion 模块可实现上述操作，具体代码如下：

```python
import fiona
import rasterio
from rasterio import features


# 打开栅格文件
with rasterio. open(' raster. tif') as src：
    # 从波段读取数据和元数据
    image = src. read(1)
    transform = src. transform
    nodata = src. nodata
    crsWktdata = src. crs. wkt


# 栅格数据转为矢量数据
shapes = features. shapes(image, transform＝transform)


# 创建输出 shp 文件，并添加投影信息
schema = {' geometry'：' Polygon', ' properties'：{' code'：' int'}}
with fiona. open(' vector. shp', ' w', ' ESRI Shapefile', schema, crs_wkt＝crsWktdata) as output：
    for id, shape in enumerate(shapes)：
        if shape[0] and shape[1] ！＝ nodata and shape[1] ＞ 0：
            output. write({' geometry'：shape[0],
                        ' properties'：{' code'：shape[1]},
                        ' id'：id})
```

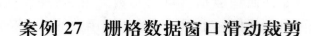

案例 27　栅格数据窗口滑动裁剪

　　栅格数据窗口滑动裁剪应用场景较多，滑动裁剪需满足一定要求，如窗口大小、窗口横向纵向重叠率等。假设现有某栅格数据 raster. tif，窗口大小为 500 个 piexl，窗口横向纵向重叠率 0.3，滑动裁剪后的栅格数据保存文件夹名字为 saveFolder，实现上述目标的代码如下：

```
from osgeo import gdal

cropSize = 500
overLapRatio = 0.3
ds = gdal. Open(' raster. tif')
# 获取栅格数据行列数
numX, numY = ds. RasterXSize, ds. RasterYSize
height, width = numY, numX
numX = height / (cropSize * (1 - overLapRatio))
numY = width / (cropSize * (1 - overLapRatio))
numX, numY = math. ceil(numX), math. ceil(numY)
# 获取栅格数据窗口滑动裁剪参数
cropParamtersList = []
for i in range(numY):
    for j in range(numX):
        filename = os. path. join(' saveFolder',
                        ''. join(['. join([' cropRaster_', str(i), '_', str(j)]), '. tif']))
        x_pos = round(j * cropSize * (1 - overLapRatio), 2)
        y_pos = round(i * cropSize * (1 - overLapRatio), 2)
        cropParamtersList. append([x_pos, y_pos, filename])
for cropParamters in cropParamtersList:
    xPixelStart, yPixelStart = cropParamters[0], cropParamters[1]
    cropOutputAbspath = cropParamters[2]
    # 验证起点坐标是否合法越界
```

```
numX，numY = ds. RasterXSize，ds. RasterYSize
if xPixelStart < 0 or xPixelStart + cropSize > numX：
    xPixelStart = int(numX − cropSize)
if yPixelStart < 0 or yPixelStart + cropSize > numY：
    yPixelStart = int(numY − cropSize)
# 裁剪区域数据读取
arr1 = ds. GetRasterBand(1). ReadAsArray(xPixelStart，yPixelStart，cropSize，cropSize)
arr2 = ds. GetRasterBand(2). ReadAsArray(xPixelStart，yPixelStart，cropSize，cropSize)
arr3 = ds. GetRasterBand(3). ReadAsArray(xPixelStart，yPixelStart，cropSize，cropSize)
# 创建输出栅格数据集
driver = gdal. GetDriverByName("GTiff")
datasetnew = driver. Create(cropOutputAbspath，cropSize，cropSize，3)
# 更新偏移坐标信息
geoT = ds. GetGeoTransform()
px = geoT[0] + xPixelStart * geoT[1] + yPixelStart * geoT[2]
py = geoT[3] + xPixelStart * geoT[4] + yPixelStart * geoT[5]
newGeoTransform = list(geoT)
newGeoTransform[0] = px
newGeoTransform[3] = py
# 设置数据地理信息
datasetnew. SetGeoTransform(tuple(newGeoTransform))
datasetnew. SetProjection(ds. GetProjectionRef())
# 写入数据
datasetnew. GetRasterBand(1). WriteArray(arr1)
datasetnew. GetRasterBand(2). WriteArray(arr2)
datasetnew. GetRasterBand(3). WriteArray(arr3)
# 关闭栅格数据集
datasetnew. FlushCache()
ds = None
```

案例 28　栅格数据方形缓冲裁剪

假设现有三波段栅格数据 raster. tif，还有一个三波段栅格数据

raster_small. tif，二者分辨率、坐标系等基本信息完全相同，且 raster_small. tif 是 raster. tif 的某一部分，现拟以 raster_small. tif 的中心坐标为中心，裁剪 raster. tif 生成 1 个面积较 raster_small. tif 更大的方形的新的栅格数据，新栅格数据名字为 raster_buffered. tif，该栅格数据尺寸为 bufferedPiexl×bufferedPiexl（单位：m）。上述需求可由如下代码实现：

```python
import os
from osgeo import gdal, ogr, osr
import numpy as np
from math import ceil


# 获取识别得到扰动区域栅格数据中心点经纬度坐标
disData = gdal. Open("raster_small. tif")
row, col = disData. RasterXSize, disData. RasterYSize
centerX, centerY = int(row//2), int(col//2)
disTrans = disData. GetGeoTransform()
centerXGeo = disTrans[0] + centerX * disTrans[1] + centerY * disTrans[2]
centerYGeo = disTrans[3] + centerX * disTrans[4] + centerY * disTrans[5]
# 把这个经纬度坐标查找转换到原栅格数据 raster. tif 的行列号
wholeData = gdal. Open("raster. tif")
wholeRow, wholeCol = wholeData. RasterXSize, wholeData. RasterYSize
wholeTrans = wholeData. GetGeoTransform()
a = np. array([[wholeTrans[1], wholeTrans[2]],
              [wholeTrans[4], wholeTrans[5]]])
b = np. array([centerXGeo − wholeTrans[0], centerYGeo − wholeTrans[3]])
newRow, newCol = np. linalg. solve(a, b)
newRow, newCol = ceil(newRow), ceil(newCol)
# 假设缓冲距离为 bufferedPiexl 米,影像分辨率大约是 2m
# 则就是缓冲 d/2 个像元,缓冲后 4 个角点行列号坐标分别为
p1_x, p1_y = ceil(newRow − bufferedPiexl/4), ceil(newCol − bufferedPiexl/4)
p1_x = max(p1_x, 0)
p1_x = min(p1_x, wholeRow)
```

```
p1_y = max(p1_y, 0)
p1_y = min(p1_y, wholeCol)
p1 = (p1_x, p1_y)


p2_x, p2_y = ceil(newRow + bufferedPiexl/4), ceil(newCol − bufferedPiexl/4)
p2_x = max(p2_x, 0)
p2_x = min(p2_x, wholeRow)
p2_y = max(p2_y, 0)
p2_y = min(p2_y, wholeCol)
p2 = (p2_x, p2_y)


p3_x, p3_y = ceil(newRow + bufferedPiexl/4), ceil(newCol + bufferedPiexl/4)
p3_x = max(p3_x, 0)
p3_x = min(p3_x, wholeRow)
p3_y = max(p3_y, 0)
p3_y = min(p3_y, wholeCol)
p3 = (p3_x, p3_y)


p4_x, p4_y = ceil(newRow − bufferedPiexl/4), ceil(newCol + bufferedPiexl/4)
p4_x = max(p4_x, 0)
p4_x = min(p4_x, wholeRow)
p4_y = max(p4_y, 0)
p4_y = min(p4_y, wholeCol)
p4 = (p4_x, p4_y)
# 把缓冲区域4个角点的行列号坐标转换为经纬度坐标
p1_x_geo = wholeTrans[0] + p1[0] * wholeTrans[1] + p1[1] * wholeTrans[2]
p1_y_geo = wholeTrans[3] + p1[0] * wholeTrans[4] + p1[1] * wholeTrans[5]
p1_geo = (p1_x_geo, p1_y_geo)
p2_x_geo = wholeTrans[0] + p2[0] * wholeTrans[1] + p2[1] * wholeTrans[2]
p2_y_geo = wholeTrans[3] + p2[0] * wholeTrans[4] + p2[1] * wholeTrans[5]
p2_geo = (p2_x_geo, p2_y_geo)
p3_x_geo = wholeTrans[0] + p3[0] * wholeTrans[1] + p3[1] * wholeTrans[2]
p3_y_geo = wholeTrans[3] + p3[0] * wholeTrans[4] + p3[1] * wholeTrans[5]
p3_geo = (p3_x_geo, p3_y_geo)
```

```
p4_x_geo = wholeTrans[0] + p4[0] * wholeTrans[1] + p4[1] * wholeTrans[2]
p4_y_geo = wholeTrans[3] + p4[0] * wholeTrans[4] + p4[1] * wholeTrans[5]
p4_geo = (p4_x_geo, p4_y_geo)
# 先创建一个 ring,把 4 个角点坐标加进去
bufferedRing = ogr. Geometry(ogr. wkbLinearRing)
bufferedRing. AddPoint(p1_geo[0], p1_geo[1])
bufferedRing. AddPoint(p2_geo[0], p2_geo[1])
bufferedRing. AddPoint(p3_geo[0], p3_geo[1])
bufferedRing. AddPoint(p4_geo[0], p4_geo[1])
bufferedRing. AddPoint(p1_geo[0], p1_geo[1])
# 创建 1 个多边形 polygon
bufferedPolygon = ogr. Geometry(ogr. wkbPolygon)
bufferedPolygon. AddGeometry(bufferedRing)
# 为了闭合多边形,如果第一个坐标点不重复加入
# 需要添加下面这行代码,本例中不需要这行代码
# bufferedPolygon. CloseRings()
# 创建一个 Shapefile 文件
driver = ogr. GetDriverByName("ESRI Shapefile")
shapefileData = driver. CreateDataSource(bufferedShapefile)
srsValue = osr. SpatialReference()
srsValue. ImportFromWkt(wholeData. GetProjectionRef())
layer = shapefileData. CreateLayer(os. path. basename(bufferedShapefile). split(". ")[0],
                                   srs=srsValue,
                                   geom_type=ogr. wkbPolygon)
feat = ogr. Feature(layer. GetLayerDefn())
feat. SetGeometry(bufferedPolygon)
layer. CreateFeature(feat)
shapefileData. Destroy()
disData, wholeData = None, None
# 使用生成的 shp 裁剪原栅格数据
gdal. Warp(bufferedRaster, "raster. tif", format='GTiff',
          cutlineDSName=bufferedShapefile,
          cropToCutline=True, dstNodata=None, multithread=True)
```

案例 29　栅格数据重采样

栅格数据重采样可使用 gdal. Warp 和 rasterio 模块完成。假设现有某栅格数据 raster. tif，需要对其重采样将其分辨率更改为 5m，生成重采样后的栅格数据 raster_resample. tif，可由如下代码完成：

（1）GDAL 模块

```python
from osgeo import gdal

gdal. Warp(' raster. tif', ' raster_resample. tif',
        resampleAlg=gdalconst. GRA_NearestNeighbour,
        xRes=5, yRes=5)
```

（2）rasterio 模块

```python
import rasterio
from rasterio. enums import Resampling

# 打开输入文件
with rasterio. open(' raster. tif') as src：
    # 计算新分辨率
    dst_crs = src. crs
    dst_transform, dst_width, dst_height = rasterio. warp. calculate_default_transform(
        src. crs, dst_crs,
        src. width, src. height,
        * src. bounds,
        resolution=(5, 5))
    # 构建新文件的 meta 信息
    dst_meta = src. meta. copy()
    dst_meta. update({'crs'：dst_crs, ' transform'：dst_transform,
                ' width'：dst_width, ' height'：dst_height})
    # 重新采样并输出新文件
    with rasterio. open(' raster_resample. tif', ' w', * * dst_meta) as dst：
        for i in range(1, src. count + 1)：
```

```
rasterio. warp. reproject(source=rasterio. band(src, i),
                          destination=rasterio. band(dst, i),
                          src_transform=src. transform,
                          src_crs=src. crs,
                          dst_transform=dst_transform,
                          dst_crs=dst_crs,
                          resampling=Resampling. bilinear)
```

案例 30　多栅格数据镶嵌

　　假设有两个栅格数据 raster_1. tif 和 raster_2. tif，它们的坐标系、分辨率等均相同，且在空间上存在重叠部分，现在需要把这两个栅格数据镶嵌融合到一个栅格数据中，并生成新的栅格数据保存到计算机，新数据名字为 raster_1_2. tif，实现上述目标的代码如下：

```
from osgeo import gdal

ds1, ds2 = gdal. Open('raster_1. tif'), gdal. Open('raster_2. tif')
# 获取第一个栅格数据的行列数、投影等信息
xsize1 = ds1. RasterXSize
ysize1 = ds1. RasterYSize
projection1 = ds1. GetProjection()
geotransform1 = ds1. GetGeoTransform()
# 获取第二个栅格数据的行列数、投影等信息
xsize2 = ds2. RasterXSize
ysize2 = ds2. RasterYSize
projection2 = ds2. GetProjection()
geotransform2 = ds2. GetGeoTransform()
# 确定镶嵌后栅格数据的行列数和地理信息
xsize = max(xsize1, xsize2)
ysize = max(ysize1, ysize2)
geotransform = list(geotransform1)
geotransform[0] = min(geotransform1[0], geotransform2[0])
```

```
geotransform[3] = max(geotransform1[3], geotransform2[3])
# 确定栅格数据的数据类型
band1 = ds1. GetRasterBand(1)
band2 = ds2. GetRasterBand(1)
datatype = band1. DataType
# 创建新的栅格数据
driver = gdal. GetDriverByName('GTiff')
out_ds = driver. Create('raster_1_2. tif', xsize, ysize, 1, datatype)
out_ds. SetProjection(projection1)
out_ds. SetGeoTransform(geotransform)
# 镶嵌第一个栅格数据
out_band = out_ds. GetRasterBand(1)
data1 = band1. ReadAsArray()
out_band. WriteArray(data1, 0, 0)
# 镶嵌第二个栅格数据
data2 = band2. ReadAsArray()
# 确认背景值的数值
bg_value1 = band1. GetNoDataValue()
bg_value2 = band2. GetNoDataValue()
if bg_value1 is None：
    bg_value1 = 0
if bg_value2 is None：
    bg_value2 = 0
# 将第二个栅格数据中背景值的位置赋值为第一个栅格数据的背景值
mask = (data2 == bg_value2)
data2[mask] = bg_value1
# 找到第二个栅格数据覆盖到第一个栅格数据上的范围
col_offset = int(round((geotransform2[0] − geotransform1[0]) / geotransform1[1]))
row_offset = int(round((geotransform1[3] − geotransform2[3]) / abs(geotransform1[5])))
col_end = col_offset + xsize2
row_end = row_offset + ysize2
# 确定这个范围保持在输出栅格数据内
col_start = max(0, col_offset)
row_start = max(0, row_offset)
```

```
col_end = min(xsize, col_end)
row_end = min(ysize, row_end)
# 将第二个栅格数据的部分写入输出栅格数据
out_band. WriteArray(data2[row_start:row_end, col_start:col_end], col_start, row_start)
# 设置输出栅格数据的背景值
out_band. SetNoDataValue(bg_value1)
# 关闭栅格数据
ds1, ds2, out_ds = None, None, None
```

案例 31 RichDEM 模块应用

RichDEM 模块由 Richard Barnes 等开发，是数字高程模型 (DEM) 水文分析工具，采用并行处理算法，可以快速处理即使非常大的 DEM 栅格数据。RichDEM 可作为高效的 C++库、低依赖性的 Python 包和一组命令行工具使用。RichDEM 支持各种数字高程模型格式，包括 ASCII、GeoTIFF、netCDF 和 GMT 格式等，并且可以进行多种数据操作，例如插值、过滤、变形、导出等。

假设某数字高程模型栅格数据 raster_DEM. tif，下面用代码演示 RichDEM 模块的各种功能。

（1）加载 DEM 数据

```
import richdem as rd
ds = rd. LoadGDAL('raster_DEM. tif')
```

（2）填凹处理

对加载 DEM 数据进行填凹，并将填凹的栅格数据保存为新文件 raster_DEM_filled. tif，代码如下：

```
ds_Filled = rd. FillDepressions(ds, in_place=False)
rd. SaveGDAL('raster_DEM_filled. tif', ds_Filled)
```

上面的代码采用的完全填充的方式，如果采用邻域填充，代码应修改为：

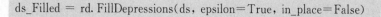

```
ds_Filled = rd. FillDepressions(ds, epsilon=True, in_place=False)
```

（3）累积流量计算

对填凹后的 DEM 数据进行累积流量计算，并将计算后的累积流量数据保存为新的栅格数据 raster_DEM_filled_acc.tif，代码如下：

```
accum_d8 = rd. FlowAccumulation('raster_DEM_filled.tif', method='D8')
rd. SaveGDAL('raster_DEM_filled_acc.tif', accum_d8)
```

上面代码累积流量计算采用的是 D8 算法，除 D8 算法外，还有 Tarboton、Dinf、Quinn、Holmgren（E）、Freeman（E）、Fairfield-LeymarieD8、FairfieldLeymarieD4、Rho8、Rho4、OCallaghanD8、OCallaghanD4、D8、D4、Rho4、OCallaghanD8、OCallaghanD4 和 D4 算法，具体用法查阅 RichDEM 文档。

（4）坡度计算

计算填凹后的 DEM 栅格数据的坡度值，并保存为新的栅格数据 raster_DEM_filled_slope.tif，代码如下：

```
ds_slope = rd. TerrainAttribute('raster_DEM_filled.tif', attrib='slope_degrees')
rd. SaveGDAL('raster_DEM_filled_slope.tif', ds_slope)
```

上面计算得到的坡度栅格数据是以"度"为单位，还有另外两种方法 attrib='slope_percentage' 和 attrib='slope_riserun'，分别表示用百分比和相邻像元高度变化比例与它们之间水平均值比值。

（5）坡向分析

计算填凹后的 DEM 栅格数据的坡向值，并保存为新的栅格数据 raster_DEM_filled_aspect.tif，代码如下：

```
ds_aspect = rd. TerrainAttribute('raster_DEM_filled.tif', attrib='aspect')
rd. SaveGDAL('raster_DEM_filled_aspect.tif', ds_aspect)
```

（6）地形曲率计算

计算填凹后的 DEM 栅格数据的地形曲率值，并保存为新的栅格数据 raster_DEM_filled_curve.tif，代码如下：

```
ds_curvature = rd. TerrainAttribute(' raster_DEM_filled. tif', attrib=' profile_curvature')
rd. SaveGDAL(' raster_DEM_filled_curve. tif', ds_curvature)
```

上面代码计算得到的曲率是垂直于坡面的曲率，即地形横截面的曲率，用以测量地表形态起伏和曲率变化，通过计算每个单元格的高度值与其沿坡面方向的一阶导数之和的比率，来计算每个单元格的垂直曲率。attrib 还有另外两个方法 planform_curvature 和 curvature。planform_curvature 是指平面上的曲率，即地形面整体形状曲率，如探测河流上下游的变化，通过计算每个单元格的高度值与其沿坡面方向的二阶导数之和的比率，来计算每个单元格的平面曲率。curvature 是综合 slope、aspect 和 profile_curvature 计算得到的地形曲率，实际上是地表最陡峭的区域与最平坦区域之间的比值，通过计算每个单元格高度值各方向的一阶和二阶导数，结合其斜率和坡向，综合计算每个单元格的地形曲率。

（7）RichDEM 其他方法

除上述方法外，RichDEM 还包括如下方法用于地表数据处理与水文分析。

richdem. MultiscaleCurvature 多尺度地形曲率分析、richdem. TerrainAttribute 计算地形属性，如局部坡度、平均高程、相对高程等、richdem. DownstreamDistance 计算每个像素到下游的距离、richdem. FlowDirection 计算每个像素的流向、richdem. Watershed 基于流域累积，将地形划分成不同的流域。

案例 32　栅格数据植被信息提取

植被信息提取是地理空间数据处理中最重要的内容之一，包括植被指数、植被覆盖度的计算。下面以低空无人机红绿蓝三波段可见光遥感数据（raster_UAV. tif）为例，介绍栅格数据植被信息的提取。

（1）植被指数计算

```
from osgeo import gdal
ds = gdal. Open(' raster_UAV. tif')
xsize, ysize = ds. RasterXSize, ds. RasterYSize
```

```
# 读取波段及波段像元值
redBand = ds.GetRasterBand(1)
greenBand = ds.GetRasterBand(2)
blueBand = ds.GetRasterBand(3)
redArr = redBand.ReadAsArray()
greenArr = greenBand.ReadAsArray()
blueArr = blueBand.ReadAsArray()
# 扣除背景值后的数组
redArrWithoutBG = redArr[redArr != redBand.GetNoDataValue()]
greenArrWithoutBG = greenArr[greenArr != greenBand.GetNoDataValue()]
blueArrWithoutBG = blueArr[blueArr != blueBand.GetNoDataValue()]
# 计算植被指数,假设植被指数计算公式为2倍的绿光波段减去红光波段再减去蓝光波段
vegetationIndexArr = 2.00 * greenArrWithoutBG - redArrWithoutBG - blueArrWithoutBG
ds = None
```

如果需要将计算得到的植被指数保存磁盘数据文件,请参照"栅格数据创建、赋值和保存"案例内容。

(2)植被非植被信息分割

上述运算得到的植被指数二维数组 vegetationIndexArr 并不能直接区分哪些像元是植被哪些像元是非植被(一般是植被指数较大的像元是植被像元,反之亦然),为便于植被覆盖度的计算与分析,因此需要确定植被与非植被的分割阈值,并将植被像元赋值为1、非植被像元赋值为0,这个过程也是常说的"二值化"。植被与非植被像元分割阈值本例中采用的是大律法 OTSU,具体代码如下:

```
import numpy as np

# 复制植被指数数组
veg_non_veg_arr = np.copy(vegetationIndexArr)
# 初始化变量
sigma, sigmaUpdata, m0, m1, thresholdTargetValue = 0, 0, 0, 0, 0
# 计算一个数据间隔,用于生成阈值列表
interval = (vegetationIndexArr.max() - vegetationIndexArr.min())/100
# 生成阈值列表
```

```
thresholdList = np. arange(vegetationIndexArr. min(), vegetationIndexArr. max(), interval)
# 对每个阈值进行计算,选取最大的 sigma 和相应的 threshold 值
for _threshold in thresholdList:
    # 分别计算前景和背景像元的值,以及相应的概率值 p1 和 p0
    foreGroundValue = vegetationIndexArr[vegetationIndexArr > _threshold]
    backGroundValue = vegetationIndexArr[vegetationIndexArr <= _threshold]
    p1 = foreGroundValue. shape[0]/xsize/ysize
    p0 = backGroundValue. shape[0]/xsize/ysize
    # 如果背景像元的数量为 0,则 m1 设为 0
    if backGroundValue. shape[0] == 0:
        m1 = 0
    else:
        m1 = backGroundValue. mean()
    # 如果前景像元的数量为 0,则 m0 设为 0
    if foreGroundValue. shape[0] == 0:
        m0 = 0
    else:
        m0 = foreGroundValue. mean()
    # 更新 sigmaUpdata 的值
    sigmaUpdata = p1 * p0 * (m0 − m1) ** 2
    # 如果这次计算的 sigmaUpdata 比目前保存的 sigma 值大,则更新
    if sigmaUpdata > sigma:
        sigma = sigmaUpdata
        thresholdTargetValue = _threshold
# 将数组中大于等于阈值的像元赋值为 1,表示植被像元,否则赋值为 0,表示非植被像元
veg_non_veg_arr[veg_non_veg_arr >= thresholdTargetValue] = 1
veg_non_veg_arr[veg_non_veg_arr < thresholdTargetValue] = 0
```

第4章 矢量数据与栅格数据交互处理

案例33 按照矢量数据几何图形裁剪并导出栅格数据

使用矢量数据裁剪并导出栅格数据在地理空间数据处理中尤为常见，这里分别采用不同的开源 GIS 类库以两个不同的需求为案例说明这一类问题。

假设某矢量数据 vector. shp 至少有两个字段 Type1 和 Type2，有1 个栅格数据 raster. tif。现在拟实现两个目标：①使用 vector. shp 中的第 3 个几何图形裁剪 raster. tif 并生成新的栅格数据 raster_FID_3. tif；②使用所有 Type1＝15 和 Type2＝33 的几何图形裁剪 raster. tif 并生成新的栅格数据，按照满足条件的 vector. shp 几何图形默认顺序对裁剪后的栅格数据进行命名，如 raster_FID_1. tif、raster_FID_5. tif 等（这里指第 1 和第 5 个几何图形满足 Type1＝15 和 Type2＝33）。

（1）使用 GDAL 模块

```
from osgeo import gdal
```

目标 1：

```
cutlineWhereValue = 'FID=' + str(2)
gdal. Warp('raster_FID_3. tif',
        'raster. tif',
        format='GTiff',
        cutlineDSName='vector. shp',
        cropToCutline=True,
        cutlineWhere= cutlineWhereValue,
        dstNodata=255,)
```

目标 2：

```
# 打开矢量文件
shp = ogr.Open('vector.shp')
layer = shp.GetLayer()

# 遍历矢量图层
for i, feature in enumerate(layer):
    geometry = feature.GetGeometryRef()
    # 如果 Type1=15 且 Type2=33,则导出栅格到文件
    if feature.GetField("Type1") == 15 and feature.GetField("Type2") == 33:
        # 给导出的栅格命名和制定保存路径
        path = os.path.join(os.getcwd(), ('raster_FID_' + str(i + 1) + '.tif'))
        # 根据矢量几何图形裁剪栅格文件
        gdal.Warp(path,
                  'raster.tif',
                  format='GTiff',
                  cutlineDSName='vector.shp',
                  cropToCutline=True,
                  cutlineWhere='FID=' + str(i),
                  dstNodata=255,)
# 关闭矢量文件
shp = None
```

（2）使用 Fiona 和 rasterio 模块

```
import fiona
import rasterio
from rasterio.mask import mask
```

目标 1：

```
# 打开矢量文件
with fiona.open('vector.shp', "r") as shp:
    # 获取第三个图形的几何图形
    third_feature = shp[2]
```

```
third_geometry = third_feature["geometry"]
# 将矢量文件第 3 个几何图形用于裁剪栅格数据
with rasterio. open('raster. tif') as raster:
    out_image, out_transform = mask(raster, [third_geometry], crop=True)
    out_meta = raster. meta. copy()
    out_meta. update({
        "dtype": out_image. dtype,
        "height": out_image. shape[1],
        "width": out_image. shape[2],
        "transform": out_transform
    })
    # 保存裁剪后的栅格数据
    with rasterio. open("raster_FID_3. tif", "w", ** out_meta) as dest:
        dest. write(out_image)
```

目标 2:

```
with fiona. open('vector. shp', "r") as shp:
    # 获取所有 Type1=15 且 Type2=33 的几何图形
    filtered_features = [f for f in shp if f["properties"]["Type1"] == 15
                    and f["properties"]["Type2"] == 33]
    # 遍历所有几何图形,并用其裁剪栅格数据
    with rasterio. open('raster. tif') as raster:
        for i, feature in enumerate(filtered_features):
            # 获取满足条件的几何图形在原矢量文件中的默认顺序
            fid = int(feature['id']) + 1
            geometry = feature["geometry"]
            out_image, out_transform = mask(raster, [geometry], crop=True)
            out_meta = raster. meta. copy()
            out_meta. update({
                "dtype": out_image. dtype,
                "height": out_image. shape[1],
                "width": out_image. shape[2],
                "transform": out_transform})
```

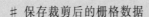

```
# 保存裁剪后的栅格数据
with rasterio. open(f"raster_FID_{fid}. tif", "w", ＊＊out_meta) as dest：
        dest. write(out_image)
```

Tips：列表推导式（也称列表推演式，List Comprehensions）
- ■ filtered_features ＝ [f for f in shp if f["properties"]["Type1"] ＝＝ 15 and f["properties"]["Type2"] ＝＝ 33]这行代码是一个列表推导式，该列表推导式遍历所有的 feature 要素，对符合条件的 feature 将其添加到一个名为 filtered_features 的列表中。
- ■ 下面使用一般 for 循环更容易理解：

```
filtered_features ＝ []
        for f in shp：
                if f["properties"]["Type1"] ＝＝ 15 and f["proper-
        ties"]["Type2"] ＝＝ 33：
                        filtered_features. append（f）
```

- ■ 列表推导式是一种在 Python 中创建列表的方式，在一行代码中创建一个新的列表对象。其语法结构是在方括号 [ ] 中定义一个表达式，然后通过循环迭代计算表达式，并将结果存储在新的列表中。大多数情况而言，因列表推导式底层采用 C 语言编写优化内核，而使其速度较 for、while 等循环更快。如 for 或 while 循环则需要 Python 解释器自行解释和执行，这通常比 C 代码执行慢。

（3）使用 Geopandas 和 rasterio 模块

```
import geopandas as gpd
import rasterio. mask

# 打开矢量数据和栅格数据
vector ＝ gpd. read_file(' vector. shp')
raster ＝ rasterio. open(' raster. tif')
```

目标 1：

```
# 选择矢量数据的第 3 个图形
geom = vector.loc[2, 'geometry']
# 进行裁剪
out_image, out_transform = rasterio.mask.mask(dataset=raster,
                                    shapes=[geom], crop=True, nodata=0)
# 将裁剪后的数据保存为 GeoTIFF 格式文件
with rasterio.open('raster_FID_3.tif', 'w', driver='GTiff', height=out_image.shape[1],
            width=out_image.shape[2], count=1, dtype=out_image.dtype,
            crs=raster.crs, transform=out_transform) as dest:
    dest.write(out_image)
```

目标 2：

```
# 选择符合条件的矢量数据几何图形
selection = vector.loc[(vector['Type1'] == 15) & (vector['Type2'] == 33), 'geometry']
# 裁剪数据并保存为 GeoTIFF 格式文件
for i, geom in enumerate(selection):
    # 确定满足条件几何图形在原矢量文件中的默认顺序编号
    fid = int(selection.index.tolist()[i]) + 1
    out_image, out_transform = rasterio.mask.mask(dataset=raster, shapes=[geom],
                                        crop=True)
    with rasterio.open(f'raster_FID_{fid}.tif', 'w',
                    driver='GTiff', height=out_image.shape[1],
                    width=out_image.shape[2], count=1, dtype=out_image.dtype,
                    crs=raster.crs, transform=out_transform, nodata=0) as dest:
        dest.write(out_image)
```

（4）使用 Pyshp 和 rasterio 模块

```
import shapefile
import rasterio.mask


vector = shapefile.Reader('vector.shp')
raster = rasterio.open('raster.tif')
```

目标 1：

```
# 选择第 3 个图形进行裁剪
geom = vector. shapeRecords()[2]. shape. __geo_interface__
# 进行裁剪
out_image, out_transform = rasterio. mask. mask(dataset=raster,
                                      shapes=[geom], crop=True, nodata=0)
# 将裁剪后的数据保存为 GeoTIFF 格式文件
with rasterio. open(' raster_FID_3. tif', 'w', driver='GTiff', height=out_image. shape[1],
            width=out_image. shape[2], count=1, dtype=out_image. dtype,
            crs=raster. crs，transform=out_transform) as dest：
    dest. write(out_image)
```

目标 2：

```
fields = vector. fields
field_names = [field[0] for field in fields[1：]]
# 获取 Type1 和 Type2 字段的索引号
type1_index = field_names. index("Type1")
type2_index = field_names. index("Type2")
for i, record in enumerate(vector. shapeRecords())：
    # 检查 Type1 和 Type2 是否符合条件
    if record. record[type1_index] == 15 and record. record[type2_index] == 33：
        # 获取这个几何图形的几何信息
        geom = record. shape. __geo_interface__
        out_image, out_transform = rasterio. mask. mask(dataset=raster,
                                          shapes=[geom],
                                          crop=True,
                                          nodata=0)
        with rasterio. open(f' raster_FID_{i+1}. tif', 'w',
                    driver='GTiff', height=out_image. shape[1],
                    width=out_image. shape[2], count=1,
                    dtype=out_image. dtype,
                    crs=raster. crs，transform=out_transform) as dest：
            dest. write(out_image)
```

> Tips：_geo_interface_
> ■ _geo_interface_是一个特殊的属性，它将 shapely 对象转换为包含地理信息的 Python 字典，以便与其他软件之间进行互操作或进行下一步处理。
> ■ shapely 对象（点、线、面、几何体及其组合等）常用来表示有形的地理现象，并能够被序列化为多种标准格式，如 GeoJSON、WKT 等。

案例 34　按照矢量数据几何图形读取栅格数据数组

现有某栅格数据 raster. tif 和矢量数据 vector. shp，其中矢量数据包括 n 个几何图形（图斑），现在想一次获取 n 个几何图形对应的栅格数据的像元值，以便为后续操作提供基础数据，如下代码可实现上述目标：

```python
import fiona
import rasterio
from rasterio. mask import mask

shapefile = fiona. open(' vector. shp', "r")
# 使用列表表达式方法,从一个 shapefile 文件中取出每个要素 feature 的几何体 geometry
# 并将这些几何体对象放入一个列表中。
features = [feature["geometry"] for feature in shapefile]
src = rasterio. open(' raster. tif')
arrList = []
for geom in features：
    arrayData, _ = mask(src, [geom], crop=True)
    arrList. append(arrayData)
src. close()
shapefile. close()
```

上面代码得到的 arrList 就是 n 个几何图形依次对应的栅格数据

的像元值数组。

> Tips：rasterio. mask 中 mask 用法
> ■ mask（）是 rasterio 模块中一个十分重要的函数，根据指定几何范围对栅格数据裁剪并返回裁剪后的数据及元数据信息。
> ■ 用法 mask（dataset，shapes，all_touched＝False，invert＝False，nodata＝None，filled＝True，crop＝False，pad＝False，pad_width＝0.5，indexes＝None）。
> ■ dataset 处理栅格数据；shapes 指定几何形状列表，可以是 geometry/feature/GeoJSON/shapely 对象等，亦可是列表或生成器等可遍历对象。这两个参数为必选参数，其余为可选参数。

案例 35　区域统计与面积制表

下面两行代码演示了地理空间数据处理中栅格数据的区域统计和面积制表工作。

（1）区域统计

假设有某土壤侵蚀模数栅格数据（erosionModulus. tif）和土壤侵蚀地块（erosionPatch. shp），土壤侵蚀地块矢量数据有 n 个几何图形（图斑），现需要统计土壤侵蚀地块矢量数据各几何图形对应的土壤侵蚀模数栅格数据的中位数，并写入土壤侵蚀地块矢量数据中的 median 字段。代码如下：

```
import rasterio
import geopandas as gpd
import numpy as np
from osgeo import gdal
from rasterio. mask import mask


# 从 shapefile 文件中读取几何体对象信息
geometry_ds = gpd. read_file('erosionPatch. shp'). geometry
```

```
# 打开栅格数据集
src = rasterio. open(' erosionModulus. tif')
# 打开矢量文件并获取图层
ds = ogr. Open(shpFile, update=True)
lyr = ds. GetLayer()
# 对每个要素进行循环迭代
for i, feat in enumerate(lyr):
    # 裁剪栅格图像
    out_image, _ = mask(src, [geometry_ds. iloc[i]], crop=True, filled=False)
    # 压缩像素数组以计算栅格统计指标
    arr = out_image. compressed()
    # 计算栅格统计指标并将其保存到矢量图层属性表中
    feat. SetField(' median', float(np. median(arr)))
    lyr. SetFeature(feat)
# 关闭 data sources
src, ds = None, None
```

如果要计算其他统计量，如最大值、最小值、平均值、方差、标准差等指标代码与上面基本相同。

（2）面积制表

假设有某个水土流失栅格数据 raster. tif，该栅格数据像元分别率为 $10m×10m$，像元值只有 0 和 1 两种，其中 0 和 1 分别表示无水土流失和有水土流失；与其相应的土地利用矢量数据为 vector_land_Type. shp，它包含 n 个几何图形（图斑），拟统计各土地利用矢量数据各几何图形对应的水土流失面积，并将统计得到的水土流失面积写入到矢量数据 vector_landType. shp 中的 sLoss 字段中，可由如下代码实现：

```
import rasterio
import geopandas as gpd
from rasterstats import zonal_stats

# 读取矢量图层和栅格数据
vector = gpd. read_file(' vector_landType. shp')
raster = rasterio. open(' raster. tif')
```

```
# 计算矢量图层上每个多边形中像元值为 1 的面积总和
stats = zonal_stats(vector['geometry'],
                    raster.read(1), affine=raster.transform, nodata=0, stats='sum')
# 将统计结果写入原始矢量文件的 sLoss 字段中
# raster.res[0] 和 raster.res[1] 为栅格数据像元分辨率
vector['sLoss'] = [stat['sum'] * raster.res[0] * raster.res[1] if stat['sum'] else 0 for
stat in stats]
vector.to_file('vector_landType.shp', driver='ESRI Shapefile')
```

Tips：rasterstats.zonal_stats 用法

- zonal_stats（）函数根据矢量图层中的几何多边形，通过计算覆盖在多边形上的栅格单元格的值来计算每个多边形的统计信息。

- 用法 zonal_stats（*args，**kwargs），默认第一个参数为 vector_layer 矢量图层，多边形将基于此进行分割、计算和返回结果；第二个参数为 raster_array 栅格数据，基于此数据进行统计信息；all_touched 为 True 表示某个多边形与栅格单元格相交时将栅格单元格视为覆盖，并将其值计入统计中，默认值为 False；stats 为要计算的统计信息列表，例如最大值、最小值、平均值、个数等；nodata 表示背景值；affine=raster.transform 确保矢量几何多边形空间位置正确映射到栅格数据上，确保计算得到准确的栅格统计信息。

　　除上面的方法外，还可以使用 gdal、ogr 以及 rasterstats 中的 gen_zonal_stats 类库实现上述目标，需要注意的是 gen_zonal_stats 返回值是 1 个生成器对象，需使用 next 函数迭代访问生成器获取每一个元素。gen_zonal_stats 的用法为 gen_zonal_stats（layer，raster，**kwargs），其中 layer 是一个 OGR 的图层对象，其中的各要素几何形状用于裁剪栅格数据以计算像元统计量。raster 是一个 Numpy 数组、rasterio.dataset.DatasetReader 或 osgeo.gdal.Dataset 对象，该对象包含栅格数据像元值。band 是一个整数，表示使用栅格数据的波段；默认值为 1，表示使用第一个波段数据。affine 是 rasterio.transform.Affine 类型的实例对象，表示栅格数据和矢量图层之间的位置匹配。如果未提供该参数，则将根据栅格数据的元数据自动确定位置和投影信息。这个参数其实就是实现 ArcGIS 软件数据处理中的数据空间对齐的功能。nodata 是一个数值，表示栅格数据中的无效像元值，将忽略在聚合计算期间具有无效值的像元。stats 是一个字符串、列表或元组，表示要计算的统计量类型。该参数可以使用以下字符串值之一，min 聚合要素内栅格最小像元值、max 聚合要素内栅格最大像元值、mean 聚合要素内栅格平均值、count 聚合要素内栅格像元数、sum 聚合要素内栅格像元值之和、std 聚合要素内栅格像元标准差、median 聚合要素内栅格像元中位数、majority 聚合要素内栅格像元占多数的值、minority 聚合要素内栅格像元占少数的值、unique 聚合要素内唯一栅格像元值的数量、range 聚合要素内栅格像元值范围、nodata 聚合要素内无效像元值的数量、all 计算所有可用统计量。如果想进行多个统计量计算，可以用字符串或元组传递给 stats 参数，例如 stats = ["mean", "sum", "min"]。geojson_out 是一个布尔值，表示是否将生成的矢量数据输出为 GeoJSON 格式。如果该参数值为 True，则生成器将返回一个包含 GeoJSON 字符串的字典，其每个要素都是一个包含计算结果的属性字段。默认值为 False，生成器将直接返回属性值字典对象，而不是 GeoJSON 字符串。

案例 36　基于二值化栅格数据获取矢量边界

　　特定土地利用类型边界的提取在土地规划与管理、生态环境保护等领域具有重要意义。假设在某个小区域中有某一种特定的土地利用类型，对应的地理空间数据为 raster.tif，现在需要回执该特定土地利用类型的矢量边界 vector_land.shp，如下代码可实这一目标：

```
import cv2
import numpy as np
from osgeo import gdal_array, gdal, ogr, osr
```

```
# 采用 opencv 种的大律法对图像进行分割二值化
# 目标土地利用类型为前景值，其余为背景值
# 1 查找阈值，对图像进行分割
img = cv2. imread(' raster. tif', 0)
# 先高斯滤波后再采用 Otsu 阈值
blur = cv2. GaussianBlur(img, (5, 5), 0)
min_blur, max_blur = np. min(blur), np. max(blur)
blur = np. array(blur, dtype=' uint8 ')
_, output_img = cv2. threshold(blur, min_blur, max_blur,
                     cv2. THRESH_BINARY + cv2. THRESH_OTSU)
output_img[output_img ! = 0] = 255
# 保存二值化的栅格数据为 interFile. tif
output = gdal_array. SaveArray(' interFile. tif', inter_tif,
                     format=' GTiff ', prototype=input_tif)
output = None


# 2 消除栅格中的小图斑
threshold = 32 * 32
connectedness = 8
mask = ' none '
src_ds = gdal. Open(inter_tif, gdal. GA_Update)
srcband = src_ds. GetRasterBand(1)
srcband. WriteArray(output_img)
dstband = srcband
if mask == ' default ':
    maskband = srcband. GetMaskBand()
elif mask == ' none ':
    maskband = None
else:
    mask_ds = gdal. Open(mask)
    maskband = mask_ds. GetRasterBand(1)
gdal. SieveFilter(srcband, maskband, dstband, threshold, connectedness)


# 3 生成 shp 文件
```

```
input_array = dstband. ReadAsArray()
# 图层名称
tgtLayer = 'extract'
# 打开输入的栅格数据
srcDS = gdal. Open('interFile. tif', 1)
# 获取第一个波段相关数据
band = srcDS. GetRasterBand(1)
# 修改波段数据值为上一步骤处理后结果
band. WriteArray(input_array)
# 让 gdal 库使用该波段作为遮罩层
mask = band
# 创建输出的 shapefile 文件
driver = ogr. GetDriverByName('ESRI Shapefile')
shp = driver. CreateDataSource('vector_land. shp')
# 拷贝空间索引
srs = osr. SpatialReference()
srs. ImportFromWkt(srcDS. GetProjectionRef())
layer = shp. CreateLayer(tgtLayer, srs=srs)
# 创建 dbf 文件
_str1 = 'DN'
fd = ogr. FieldDefn(_str1, ogr. OFTInteger)
layer. CreateField(fd)
dst_field = 0
gdal. Polygonize(band, mask, layer, dst_field, [], None)
shp. Destroy()
srcDS = None
band = None
```

附件 1　OGR 表示数据类型的常量

ogr. OFTInteger：整型。

ogr. OFTReal：单精度浮点数。

ogr. OFTString：字符串。

ogr. OFTDate：日期，格式为（YYYY/MM/DD）。

ogr. OFTTime：时间，格式为（HH：MM：SS［. UUUUUU］）。

ogr. OFTDateTime：日 期 与 时 间，格 式 为（YYYY/MM/DDHH：MM：SS［. UUUUUU］）。

ogr. OFTBinary：二进制数据。

ogr. OFTInteger64：长整型，表示 8 字节的有符号整数。

ogr. OFTIntegerList：整型集合。

ogr. OFTRealList：浮点型集合。

ogr. OFTStringList：字符串集合。

ogr. OFTWideString：宽字符串。

ogr. OFTWideStringList：宽字符串集合。

附件 2 OGR 表示几何图形类型的常量

点（Point）：

ogr. wkbPoint：表示一个二维点，即只有 X 和 Y 坐标。

ogr. wkbPoint25D：表示一个带有 X、Y、Z 三个值的三维点。

ogr. wkbPointM：表示一个带有 X、Y、Z 和 M（测量值）四个值的点。

ogr. wkbPointZ：表示一个带有 X、Y 和 Z 三个值的点。

ogr. wkbPointZM：表示一个带有 X、Y、Z 和 M（测量值）四个值的点。

线（LineString）：

ogr. wkbLineString：表示一条线，由两个或多个点依次相连。

ogr. wkbLineString25D：表示一条带有 Z 值的三维线。

ogr. wkbLineStringM：表示一条带有测量值 M 的线。

ogr. wkbLineStringZ：表示一条带有 Z 值的三维线。

ogr. wkbLineStringZM：表示一条带有 Z 值和测量值 M 的三维线。

多边形（Polygon）：

ogr. wkbPolygon：表示一个闭合路径所包围的区域。

ogr. wkbPolygon25D：表示一组带 Z 值的三维多边形。

ogr. wkbPolygonM：表示一组带有测量值 M 的多边形。

ogr. wkbPolygonZ：表示一组带有 Z 值的三维多边形。

ogr. wkbPolygonZM：表示一组带有 Z 值和测量值 M 的三维多边形。

多点（MultiPoint）：

ogr.wkbMultiPoint：表示由多个点组成的几何体。

ogr.wkbMultiPoint25D：表示由多个带有 Z 值的三维点组成的几何体。

ogr.wkbMultiPointM：表示由多个带有测量值 M 的点组成的几何体。

ogr.wkbMultiPointZ：表示由多个带有 Z 值的三维点组成的几何体。

ogr.wkbMultiPointZM：表示由多个带有 Z 值和测量值 M 的三维点组成的几何体。

多线（MultiLineString）：

ogr.wkbMultiLineString：表示由多条线组成的几何体。

ogr.wkbMultiLineString25D：表示由多条带有 Z 值的三维线组成的几何体。

ogr.wkbMultiLineStringM：表示由多条带有测量值 M 的线组成的几何体。

ogr.wkbMultiLineStringZ：表示由多条带有 Z 值的三维线组成的几何体。

ogr.wkbMultiLineStringZM：表示由多条带有 Z 值和测量值 M 的三维线组成的几何体。

多边形组合（GeometryCollection）：

ogr.wkbGeometryCollection：表示由多种几何体组成的几何体。

ogr.wkbGeometryCollection25D：表示由多种带有 Z 值的三维几何体组成的几何体。

ogr.wkbGeometryCollectionM：表示由多种带有测量值 M 的几何体组成的几何体。

ogr.wkbGeometryCollectionZ：表示由多种带有 Z 值的三维几何体组成的几何体。

ogr.wkbGeometryCollectionZM：表示由多种带有 Z 值和测量值 M 的三维几何体组成的几何体。

附件 3　常见栅格数据类型

Byte（8 位有符号整型）。
UInt16（16 位无符号整型）。
Int16（16 位有符号整型）。
UInt32（32 位无符号整型）。
Int32（32 位有符号整型）。
Float32（32 位浮点型）。
Float64（64 位浮点型）。
ComplexInt16（16 位复数型）。
ComplexInt32（32 位复数型）。
ComplexFloat32（32 位浮点型复数型）。
ComplexFloat64（64 位浮点型复数型）。

附件 4 常见栅格数据格式

TIFF（Tagged Image File Format）：一种常见的无损图像文件格式，支持栅格数据存储和处理。它具有高质量的图像显示效果和良好的兼容性，支持多种数据类型存储，但文件较大。广泛用于存储和传输栅格图像数据，适用于各种专业和通用软件，可以存储多个波段的数据，支持灰度图像和彩色图像的存储。该文件格式支持多种压缩技术，包括无损压缩和有损压缩，使得可以在保证图像质量的同时减小文件大小。

HDR（High Dynamic Range）：一种用于捕捉和显示广泛动态范围图像的格式，通过记录更多的光照信息来保留图像的细节和对比度。HDR 图像一般采用无损压缩方式，能够更好地保留图像细节，但其适用性主要局限在图像处理领域。HDR 文件描述了与栅格数据相关的元数据信息，通过解析 HDR 文件可以获取栅格数据的坐标系统、投影信息、数据类型、尺度和分辨率等。

IMG：IMG 是 ERDAS IMAGINE 基于二进制的文件格式，用于存储和处理地理影像数据。它以分块的方式存储图像数据，支持多波段数据、多分辨率和数据压缩，并提供了丰富的图像处理功能。IMG 格式文件可以使用 JPEG（Joint Photographic Experts Group）或 LZW（Lempel－Ziv－Welch）等压缩算法来减小文件大小，但 IMG 格式在跨平台兼容性方面存在一定的限制。

RST：RST 是 IDL（Interactive Data Language）的栅格数据格式，用于存储科学数据、遥感数据和地理信息系统数据。RST 格式支持多个数据类型、多维数据和无损压缩，但它的使用范围相对较窄，主要用于科学数据、遥感数据和地理信息系统数据。它支持多种数据类型，具有有效的数据索引和压缩功能。

NC（NetCDF）：一种通用的自描述性文件格式，适用于科学和环境领域的数据存储和分析。NetCDF 格式具有多维数据的能力，支持元数据和数据压缩（如 GZIP、Zip Archive、Lempel – Ziv – Oberhumer），适用于气象学、海洋学和气候学等领域。

BMP（Bitmap）：一种基本的位图图像格式，存储像素点的颜色信息。BMP 格式简单易用，但由于没有压缩算法，文件大小较大，不适合存储大规模栅格数据，适用于一般图像显示和打印等基本应用场景。

PNG（Portable Network Graphics）：一种无损压缩的位图图像格式。PNG 格式支持高品质的图像显示效果，文件大小普遍较小，同时还可以存储透明度信息，主要适用于 Web 环境和需求高质量图像显示的应用。

附件 5 gdal.Warp 参数及说明

gdal.Warp(destNameOrDestDS, srcDSOrSrcDSTab = [], **kwargs)。

destNameOrDestDS：输出文件名或者输出数据集，必选参数。

srcDSOrSrcDSTab：输入数据集或者输入数据集列表，必选参数。

format：输出文件格式，默认与输出文件扩展名相同。

outputBounds：输出数据集的空间范围，默认为输入数据集的范围。

outputBoundsSRS：输出数据集的空间参考系，默认为输入数据集的参考系。

width：输出数据集的宽度，单位像素，默认使用输入数据集的分辨率。

height：输出数据集的高度，单位像素，默认使用输入数据集的分辨率。

outputType：输出数据集的数据类型，默认使用与输入数据集相同的数据类型。

resampleAlg：重采样算法，默认为最近邻插值。

srcNodata：输入数据集中的无效值。

dstNodata：输出数据集中的无效值。

multithread：是否使用多线程处理，默认为 False。

warpOptions：调用 GDALWarpOptions 的可选参数。

creationOptions：输出文件的创建选项。

更详细的参数描述参见 GDAL 官方文档。